Elisabeth Birk

Fachrechnen

Florist

Lehr- und Fachbuch in 5 Bänden

Band 1 Gestalten, Beraten, Verkaufen, Wirtschaftliches Handeln
Grundwissen in Lernsituationen

Band 2 Gestalten, Beraten, Verkaufen, Wirtschaftliches Handeln
Aufbauwissen in Lernsituationen

Band 3 Wirtschaftslehre – Rechnungswesen – Marketing

Band 4 Fachrechnen

Band 5 Das Praxishandbuch

Außerdem lieferbar:
Birk, Schritt für Schritt zur Florist-Prüfung

Lösungshefte und Unterrichtsmaterial etc. finden Sie unter
www.azubikolleg.de

Elisabeth Birk

Florist 4
FACHRECHNEN

2., aktualisierte Auflage

10 Farbfotos
40 Zeichnungen
8 Tabellen

Die in diesem Buch enthaltenen Empfehlungen und Angaben sind von der Autorin mit größter Sorgfalt zusammengestellt und geprüft worden. Eine Garantie für die Richtigkeit der Angaben kann aber nicht gegeben werden. Autorin und Verlag übernehmen keinerlei Haftung für Schäden und Unfälle. Bitte setzen Sie bei der Anwendung der in diesem Buch enthaltenen Empfehlungen Ihr persönliches Urteilsvermögen ein.

Der Verlag Eugen Ulmer ist nicht verantwortlich für die Inhalte der im Buch genannten Websites.

Bibliografische Information der Deutschen Nationalbibliothek
Die Deutsche Nationalbibliothek verzeichnet diese Publikation in der Deutschen Nationalbibliografie; detaillierte bibliografische Daten sind im Internet über http://dnb.d-nb.de abrufbar.

Wollgrasweg 41, 70599 Stuttgart (Hohenheim)
E-Mail: info@ulmer.de
Internet: www.ulmer.de
Lektorat: Birgit Schüller
Herstellung: Silke Reuter
Umschlaggestaltung: Atelier Reichert, Stuttgart
Satz: primustype Robert Hurler GmbH, Notzingen
Druck und Bindung: Pustet, Regensburg
Printed in Germany

ISBN 978-3-8186-0708-1

Vorwort

Liebe Auszubildende im Beruf Floristin/Florist,

die floristische Gestaltung prägt Ihre berufliche Aktivität und erfüllt Sie bestimmt mit Freude. Dient es nicht auch Ihrer Existenzsicherung, Arrangements exakt zu kalkulieren und gewinnbringend zu verkaufen? Bereits in der Ausbildung überschlagen Sie vor der Kundschaft zu erwartende Kosten, berechnen oft parallel zur Gestaltung den Verkaufspreis von Sträußen, die Menge des Substrats und die Pflanzenanzahl für Balkonkastenfüllungen oder kalkulieren vorab die Arbeitszeit für Dienstleistungen. Schließlich müssen Sie für die Abschlussprüfung die Kosten für Ihre praktische Ausarbeitung zur „Komplexen Prüfungsaufgabe“ übersichtlich darstellen und den Endpreis ausrechnen.

Generell spielen Zahlen im täglichen Leben eine wesentliche Rolle. Obwohl Sie heute schon über den Sprachassistenten Ihres Smartphones zahlreiche Rechenvorgänge eingeben können, sollten Sie selbst den Überblick bewahren. Dieses Fachrechenbuch soll Sie unterstützen, während Ihrer Ausbildung und auch darüber hinaus bei allen Berechnungen in der Berufspraxis und im Alltag Sicherheit zu gewinnen. Durch den geschickten Umgang mit Zahlen erreichen Sie überfachliche Kompetenzen und eine höhere Qualifizierung für mehr Eigenverantwortlichkeit in einer neuen Verbraucherrolle bei einer immer weniger durchschaubaren Kosten- und Rabattpolitik.

Für Ihre tägliche Arbeit mit Kunden beim Beraten, Entwerfen, Berechnen und Gestalten wünsche ich Ihnen Begeisterung und fachliche Autorität.

Elisabeth Birk, im Januar 2019

Inhaltsverzeichnis

1 Messeinheiten

Messeinheiten nach dem Internationalen Einheitssystem (SI-Einheiten; SI = Système International d'Unités).

Bedeutung der Vorsilben für Messeinheiten

Merken Sie sich am besten die Bezugszahlen in Verbindung mit den Vorsilben, dann fällt Ihnen die Umrechnung leichter:

Vorsilbe und Abkürzung		Bezugszahl	Beispiel mit Bezug zur Einheit Meter (m)		
Deka-	**da**	$10 = 10^1$	1 Dekameter (dam)	=	10 m
Hekto-	**h**	$100 = 10^2$	1 Hektometer (hm)	=	100 m
Kilo-	**k**	$1000 = 10^3$	1 Kilometer (km)	=	1000 m
Dezi-	**d**	$1/10 = 10^{-1}$	1 Dezimeter (dm)	=	0,1 m
Centi- (Zenti-)	**c**	$1/100 = 10^{-2}$	1 Zentimeter (cm)	=	0,01 m
Milli-	**m**	$1/1000 = 10^{-3}$	1 Millimeter (mm)	=	0,001 m

Die Vorsilbe **Quadrat-** bedeutet, eine Zahl in die zweite Potenz versetzen = quadrieren (vgl. nachfolgend „Flächenmaße" und Kapitel 15 „Flächenberechnungen"); den Begriff **Kubik-** als Vorsilbe (*ital.: cubo*) übersetzt man mit „Würfel" im mathematischen Sinne (vgl. nachfolgend „Raummaße" und Kapitel 16 „Körperberechnungen").

Längenmaße (Einheit: Meter = m)

1 Meter (m) =	10 Dezimeter (dm) 100 Zentimeter (cm) 1000 Millimeter (mm)	
1 Dekameter (dam) =		10 Meter
1 Hektometer (hm) =	10 Dekameter (dam) =	100 Meter
1 Kilometer (km) =	100 Dekameter (dam) =	1000 Meter

Für die **eindimensionale** Ordnung (eine Ausdehnung; Strecke) benötigt man eine Zahlenangabe, die Länge; die Umrechnungszahl zur nächsten Einheit ist 10. **Bei Längenmaßen verschiebt sich das Komma von einer Einheit zur nächsten um jeweils eine Stelle.**
In der Floristik ist z. B. die Girlande eine eindimensionale Ordnung.

Flächenmaße (Einheit: Quadratmeter = m^2)

1 Quadratmeter (m^2) =	100 Quadratdezimeter (dm^2)	
	10 000 Quadratzentimeter (cm^2)	
	1 000 000 Quadratmillimeter (mm^2)	
1 Quadratdekameter (dam^2) =	100 Quadratmeter (m^2) =	1 Ar (a)
1 Hektar (ha) =	100 Quadratdekameter (dam^2) =	100 Ar (a)

Für die **zweidimensionale** Ordnung (zwei Ausdehnungen; Fläche) benötigt man zur Berechnung zwei Zahlenangaben, die Länge und die Breite; die Umrechnungszahl zur nächsten Einheit ist 100. **Bei Quadratzahlen verschiebt sich das Komma von einer Einheit zur nächsten um jeweils zwei Stellen.**

Werden Blütenköpfe z. B. bei einem Tischfries dicht und ohne Höhen und Tiefen angeordnet, spricht man von einem zweidimensionalen Werkstück.

Raummaße/Volumen (Einheit: Kubikmeter = m^3)

1 Kubikmeter (m^3) =	1 000 Kubikdezimeter (dm^3)
	1 000 000 Kubikzentimeter (cm^3)
	1 000 000 000 Kubikmillimeter (mm^3)
1 Liter (l) =	1 Kubikdezimeter (dm^3)
	10 Deziliter (dl)
	100 Zentiliter (cl)
	1 000 Milliliter (ml)
1 Dekaliter (dal) =	10 Liter
1 Hektoliter (hl) =	100 Liter

Für die **dreidimensionale** Ordnung (drei Ausdehnungen; Körper) benötigt man zur Berechnung drei Zahlenangaben, die Länge, die Breite und die Höhe; die Umrechnungszahl zur nächsten Einheit ist 1000. **Bei Kubikzahlen verschiebt sich das Komma von einer Einheit zur nächsten um jeweils drei Stellen.**

Eine dreidimensionale Anwendung in der Floristik ist z. B. die Berechnung der Substratmenge (Rauminhalt) für einen Balkonkasten.

Masse/Gewicht (Einheit: Kilogramm = kg)

1 Kilogramm (kg) =	1000 Gramm (g)
1 Gramm (g) =	1000 Milligramm (mg)
1 Dezitonne (dt) =	100 Kilogramm (kg)
1 Tonne (t) =	10 Dezitonnen (dt)

2 Maßverhältnisse

▶ Sie wissen, dass z. B. Grundrisse von Wohnungen oder Ladengeschäften im Vergleich zur Wirklichkeit proportional verkleinert abgebildet werden, um eine klare Vorstellung für das Objekt zu bekommen. Im Gartenbau wird die Entwurfszeichnung für eine Gartenanlage in einem geeigneten Proportionsverhältnis (Maßverhältnis) dargestellt. Entwürfe für Werkstücke nach den Ideen Ihrer Kunden und ebenso Ihre Prüfungsskizze sollten Sie annähernd maßstabsgetreu zeichnen. Hierfür verwendet man ein geeignetes Maßverhältnis, das als **Maßstab** (**M**) angegeben wird.

Ist beispielsweise eine Prüfungsskizze im Maßstab 1 : 8 angefertigt, bedeutet dies, dass 1 cm in der Zeichnung (Zeichenmaß) in Wirklichkeit (tatsächliche Strecke) 8 cm lang ist. So könnte mit diesem Maßverhältnis ein Trauerkranz mit einem tatsächlichen Durchmesser von 100 cm mit dem Durchmesser von 12,5 cm gezeichnet werden (Teiler 8). Alle einzelnen Elemente im Werkstück, z. B. der Durchmesser einer Rose, werden ebenso dieser Proportion angepasst.

Die Berechnung ist denkbar einfach:

$$\frac{\text{tatsächliche Strecke}}{\text{Maßstabszahl}} = \text{Zeichenmaß}$$

$$\frac{100\text{ cm}}{8} = 12{,}5\text{ cm}$$

Durch Umwandeln der Formel lassen sich die fehlenden Größen berechnen:

$$\text{Zeichenmaß} \cdot \text{Maßstabszahl} = \text{tatsächliche Strecke}$$

$$\frac{\text{tatsächliche Strecke}}{\text{Zeichenmaß}} = \text{Maßstabszahl}$$

Übungsaufgaben

1. Berechnen Sie die fehlenden Maße. Achten Sie innerhalb einer Aufgabe auf gleiche Maßeinheiten.

	Maßverhältnis	tatsächliche Strecke	Zeichenmaß
a)	1 : 50	600 cm	
b)	1 : 100	9,8 m	
c)		37,5 m	15 cm
d)		12 m	9,6 cm
e)	1 : 10		0,8 cm
f)	1 : 12		20 cm

2. Messen Sie verschiedene Verkaufselemente, Regale, Tische oder Raumgrößen aus der Abbildung 1 und ermitteln Sie die wirklichen Maße. Der Grundriss ist im Maßstab 1 : 200 dargestellt.

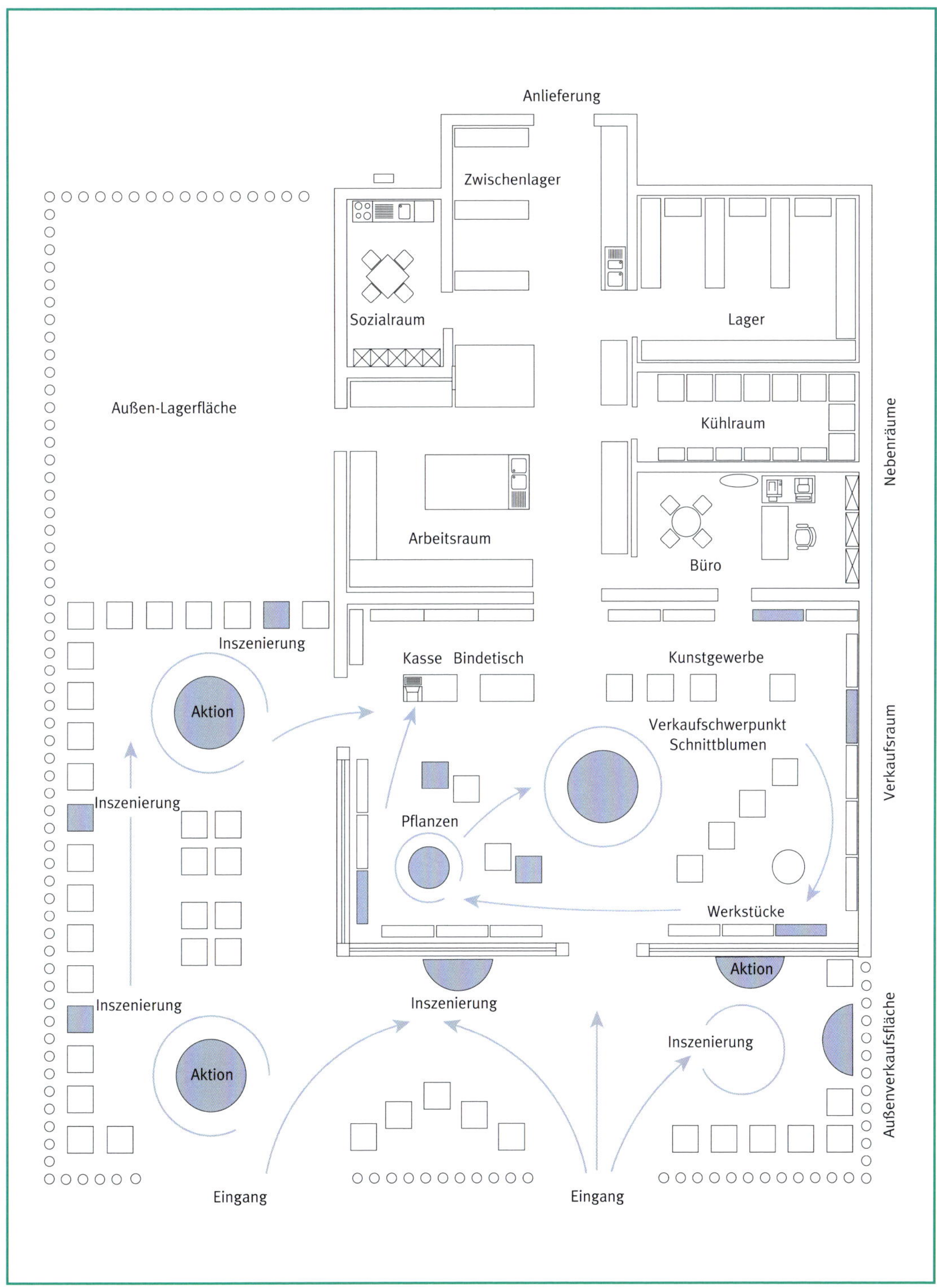

Abb. 1 Grundriss eines Blumengeschäfts mit Außenverkaufsfläche M 1:200 *(Quelle: Floristik int. 6/2001)*

3. Eine Floristmeisterin möchte ihre Idee für einen neuen Verkaufsraum aufzeichnen. Sie weiß, dass dieser Raum 14 m lang und 9,5 m breit sein wird und der Plan einen Maßstab von 1 : 50 haben soll. Berechnen Sie die Zeichenmaße.
4. Auf einem ersten Entwurf für ein Verkaufsgewächshaus ist nur das Maßverhältnis 1 : 75 angegeben; wirkliche Maße sind nicht notiert. Florist Grün misst aus der Zeichnung eine Länge von 13,3 cm heraus und eine Breite von 8 cm. Welche Größe hat das Gewächshaus tatsächlich? Beachten Sie, dass Sie eventuell die Länge runden müssen, weil diese nur im 2-m-Raster angeboten wird.
5. Ein Blumengeschäft bietet mit Erfolg spezielle Sträuße für Krankenzimmer an und liefert diese kostenlos, weil die Klinik nur 360 m entfernt ist. Auf dem Ortsplan beträgt die Entfernung 5 cm. In welchem Maßstab wurde dieser Plan dargestellt?
6. Den Staubbeutel einer Blüte sehen Sie mit der Lupe 4 cm groß. Die Vergrößerungszahl der Lupe ist 1 : 5.
   a) Wie lang sind die Staubbeutel tatsächlich?
   b) Sie sollen im Botanik-Unterricht den Blütenaufbau vergrößert im Proportionsverhältnis 1 : 3 zeichnen. Berechnen Sie das Zeichenmaß dieses Staubbeutels.
7. Proportionales Zeichnen:
   a) Messen Sie aus der abgebildeten Amphore (Abb. 2a) die wesentlichen Maße heraus und verwenden Sie die Vergrößerungszahl 4 für Ihre Zeichnung, das entspricht ungefähr der realen Vasengröße. Die angedeuteten Linien unterstützen Sie beim Anlegen des Lineals.
   b) Der abgebildete Brautstrauß (Abb. 2b; Englische Tropfenform) hat folgende tatsächlichen Maße: breiteste Stelle 18 cm, Gesamtlänge 60 cm. Berechnen Sie das Maßverhältnis der Abbildung (gerundet) im Vergleich zur realen Größe. Zeichnen Sie einen solchen Strauß in einem ausgewählten Maßstab, der sich für eine Prüfungsskizze auf einem DIN-A4-Blatt eignet. Beachten Sie beim Zeichnen auch das Proportionsverhältnis der Blüten.

Abb. 2
a) Amphore, b) Brautstrauß

3 Rechnen mit gemeinen Brüchen

▶ Antje bekommt für den Aufbau und die Dekoration eines Messestands ein Drittel Provision von insgesamt 1020 €. Ihre Freundin Dorothee erhält bei einer anderen Firma das 0,15-fache des Gewinns von 2300 €. Die Freundinnen rätseln, wer besser abgeschnitten hat. Rätseln Sie nicht – rechnen Sie die Aufgabe.

Brüche sind Teile eines Ganzen; man rechnet mit gebrochenen Zahlen, die auf verschiedene Weise schriftlich dargestellt werden können:

- Dezimalzahlen („Kommazahl") z. B. 2,5; 3,75; 4,2
- Dezimalbruch z. B. $\frac{3}{10}$; $\frac{53}{100}$; $\frac{4186}{10\,000}$
  Der Nenner ist z. B. 10, 100, 1000, 10 000. Dezimalbrüche werden meist als Kommazahl ausgedrückt:
  0,3; 0,53; 0,4186.
- Gemeiner Bruch z. B. $\frac{1}{2}$; $\frac{3}{4}$; $3\frac{1}{5}$

Info

Bruchrechnen stärkt das Beurteilungsvermögen für Zahlen.

Der **Bruchstrich** ist das Zeichen für die Division.
Der **Zähler** ist die Zahl auf dem Bruchstrich; er gibt die Menge (Anzahl) der Teilungen an.
Der **Nenner** ist die Zahl unter dem Bruchstrich; er benennt den Anteil des Ganzen.

Beispiel

$\frac{1}{7}$ **Zähler** / **Nenner**

3.1 Arten von Brüchen

Echte Brüche: Der Nenner ist größer als der Zähler.

Beispiele: $\frac{1}{2}$; $\frac{3}{7}$; $\frac{5}{8}$

Unechte Brüche: Der Nenner ist kleiner als der Zähler. Unechte Brüche können in eine gemischte Zahl umgewandelt werden.

Beispiele: $\frac{4}{3}$; $\frac{33}{8}$; $\frac{24}{5}$

Gemischte Zahlen: Sie bestehen aus einer ganzen Zahl und einem echten Bruch.

Beispiele: $1\frac{1}{3}$; $4\frac{1}{8}$; $4\frac{4}{5}$

Scheinbrüche: Zähler und Nenner sind gleich. Diese Brüche sind dem Wert nach ganze Zahlen.

Beispiele: $\frac{3}{3}$; $\frac{5}{5}$; $\frac{17}{17}$

Stammbrüche: Der Zähler ist 1.

Beispiele: $\frac{1}{2}$; $\frac{1}{4}$; $\frac{1}{12}$

Brüche sind **gleichnamig**, wenn sie gleiche Nenner haben: $\frac{2}{11}$; $\frac{5}{11}$; $\frac{9}{11}$
Brüche sind **ungleichnamig**, wenn sie verschiedene Nenner haben: $\frac{3}{5}$; $\frac{1}{2}$; $\frac{5}{11}$

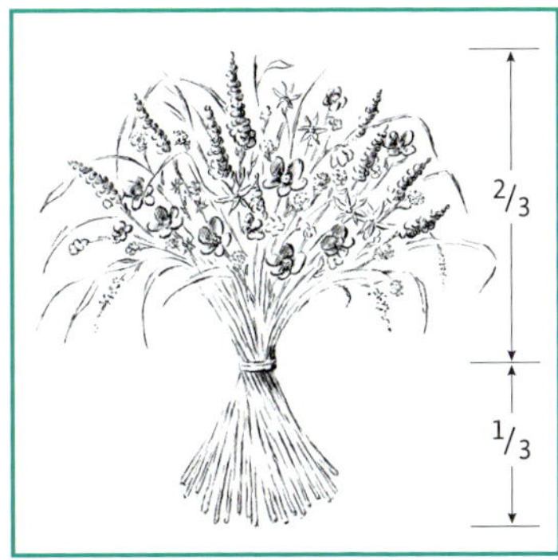

Abb. 3 Ideale Proportion: 1/3 Stiele, 2/3 Blumenfülle

3.2 Formänderung von Brüchen

Brüche können durch **Umwandeln, Erweitern** oder **Kürzen** in ihrer Form verändert werden; der Wert des Bruchs bleibt dabei erhalten.

Umwandeln

> Unechte Brüche lassen sich in gemischte Zahlen umwandeln, indem man den Zähler durch den Nenner dividiert und den Rest als Bruch stehen lässt.

Beispiel: $\frac{12}{5}$

$12 : 5 = 2$ Rest 2; der Rest 2 ist noch durch 5 zu dividieren, also $\frac{2}{5}$

Ergebnis: $\frac{12}{5} = 2\frac{2}{5}$

> Gemeine Brüche lassen sich in Dezimalzahlen umwandeln, indem man den Zähler durch den Nenner dividiert.

Beispiele:

$\frac{1}{2}$; $1 : 2 = 0{,}5$ $\frac{21}{5}$; $21 : 5 = 4{,}2$

Ergebnis: Endlicher Dezimalbruch bzw. endliche Dezimalzahl.

$\frac{2}{3}$; $2 : 3 = 0{,}\overline{6}$ $\frac{8}{9}$; $8 : 9 = 0{,}\overline{8}$

Ergebnis: Unendlicher (periodischer) Dezimalbruch.

$\frac{1}{6}$; $1 : 6 = 0{,}1\overline{6}$ $\frac{5}{6}$; $5 : 6 = 0{,}8\overline{3}$

Ergebnis: Unendlicher, gemischtperiodischer Dezimalbruch.

Man versucht häufig, das Bruchrechnen zu umgehen, indem Brüche wie z. B. $\frac{1}{3}$ oder $\frac{1}{6}$ in Dezimalbrüche umgewandelt werden ($0{,}\overline{3}$; $0{,}1\overline{6}$). Da dies nur Annäherungswerte sind, ist die Rechnung ungenau.

> Endliche Dezimalbrüche bzw. Dezimalzahlen lassen sich in gemeine Brüche umwandeln, indem sie mit Bruchstrich geschrieben und soweit wie möglich gekürzt werden.

Beispiele

$0{,}6 = \frac{6}{10}$ gekürzt $\frac{3}{5}$

$0{,}8 = \frac{8}{10}$ gekürzt $\frac{4}{5}$

$3{,}25 = 3\frac{25}{100}$ gekürzt $3\frac{1}{4}$

> Umwandeln unendlicher Dezimalbrüche bzw. Dezimalzahlen: Im Zähler steht die Ziffernfolge der periodischen Zahl, im Nenner werden so viele Neunen geschrieben, wie die periodische Zahl Ziffern ausweist.

Beispiele

$0,\overline{8} = \frac{8}{9}$

$0,\overline{87} = \frac{87}{99}$ gekürzt $\frac{29}{33}$

$8,\overline{3}; = 8\frac{3}{9}$ gekürzt $8\frac{1}{3}$

Erweitern

Zähler und Nenner werden mit der gleichen Zahl multipliziert.

Beispiel

$\frac{1}{3}$ wird erweitert mit 3 (Erweiterungszahl)

$\frac{1 \cdot 3}{3 \cdot 3} = \frac{3}{9}$

Kürzen

Zähler und Nenner werden durch einen gemeinsamen Teiler dividiert.

Beispiel

$\frac{4}{8}$ wird gekürzt mit 4 (Kürzungszahl)

$\frac{4:4}{8:4} = \frac{1}{2}$

Bei diesem Beispiel könnten Zähler und Nenner auch durch 2 geteilt werden. Es gilt jedoch die Regel, dass durch den größten gemeinsamen Teiler dividiert werden soll.

Übungsaufgaben zu 3.2

1. Wandeln Sie die unechten Brüche in gemischte Zahlen um:
   a) $\frac{45}{21}; \frac{96}{54}; \frac{16}{3}; \frac{104}{48}; \frac{255}{42}$
   b) $\frac{86}{3}; \frac{68}{7}; \frac{264}{106}; \frac{56}{12}; \frac{37}{2}$
2. Wandeln Sie die gemischten Zahlen in unechte Brüche um:
   a) $7\frac{3}{7}; 6\frac{4}{5}; 3\frac{1}{3}; 12\frac{2}{9}; 5\frac{11}{17}$
   b) $96\frac{1}{4}; 18\frac{3}{7}; 1\frac{19}{21}; 4\frac{12}{17}; 42\frac{3}{14}$
3. Wandeln Sie die gemeinen Brüche in Dezimalbrüche bzw. Dezimalzahlen um:
   a) $\frac{1}{2}; \frac{1}{3}; \frac{1}{4}; \frac{1}{5}; \frac{1}{6}; \frac{1}{8}; \frac{1}{9}; \frac{1}{10}; \frac{1}{20}; \frac{1}{25}; \frac{1}{50}$
   b) $\frac{4}{11}; \frac{5}{7}; 10\frac{4}{9}; 16\frac{12}{19}; 4\frac{3}{4}$
4. Wandeln Sie die Dezimalbrüche bzw. Dezimalzahlen in gemeine Brüche um:
   a) 0,2; 3,7; 5,62; 1,325; 0,1252
   b) $0,\overline{2}; 4,\overline{1}; 7,\overline{87}; 9,\overline{45}; 3,\overline{6}$

5. Erweitern Sie folgende Brüche mit den Zahlen 2; 3; 5; 9; 15:
   a) $\frac{1}{2}; \frac{3}{4}; \frac{4}{5}; \frac{9}{16}; \frac{4}{15}; \frac{21}{30}$
   b) $1\frac{2}{3}; 5\frac{9}{11}; 26\frac{2}{5}; 11\frac{1}{4}; 7\frac{7}{9}; 15\frac{2}{7}$
6. Bestimmen Sie den fehlenden Zähler bzw. Nenner zur bereits erweiterten Zahl:
   a) $\frac{5}{6} = \frac{?}{24}; \frac{7}{8} = \frac{?}{64}; \frac{1}{2} = \frac{?}{72}; 1\frac{2}{3} = 1\frac{?}{27}$
   b) $\frac{17}{19} = \frac{102}{?}; \frac{3}{4} = \frac{48}{?}; \frac{2}{9} = \frac{34}{?}; \frac{13}{15} = \frac{65}{?}$
7. Kürzen Sie folgende Brüche durch den größtmöglichen Teiler:
   a) $\frac{14}{21}; \frac{12}{96}; \frac{49}{84}; \frac{108}{126}; \frac{48}{52}$
   b) $\frac{9}{63}; \frac{110}{132}; \frac{81}{99}; \frac{18}{81}; \frac{30}{65}$

3.3 Addieren und Subtrahieren von Brüchen

Nur gleichnamige Brüche können addiert bzw. subtrahiert werden.

- Die Zähler der gleichnamigen Brüche werden addiert bzw. subtrahiert. Der Nenner bleibt unverändert.
- Ungleichnamige Brüche werden durch Erweitern auf einen gemeinsamen Nenner (Hauptnenner = HN) gebracht. Der Hauptnenner ist die kleinste gemeinsame Zahl, in der alle Nenner enthalten sind.
- Der Nenner bzw. Hauptnenner wird unter einen gemeinsamen Bruchstrich geschrieben; Zähler stehen auf dem Bruchstrich.
- Gemischte Zahlen wandelt man zur Vereinfachung vor dem Rechenvorgang in unechte Brüche um.
- Ist die Summe ein unechter Bruch, wird er in eine gemischte Zahl umgewandelt und, falls nötig, gekürzt.

Beispiele

$\frac{1}{2} + \frac{2}{3} + \frac{3}{7}$

Hauptnenner 42

$\frac{1}{2} = \frac{21}{42}$ (HN $42 : 2 = 21; 21 \cdot 1 = 21$)

$\frac{2}{3} = \frac{28}{42}$ (HN $42 : 3 = 14; 14 \cdot 2 = 28$)

$\frac{3}{7} = \frac{18}{42}$ (HN $42 : 7 = 6; 6 \cdot 3 = 18$)

$\frac{21 + 28 + 18}{42} = \frac{67}{42}$ gekürzt: $1\frac{25}{42}$

$\frac{3}{4} - \frac{1}{2} - \frac{1}{6}$

Hauptnenner 12

$\frac{9 - 6 - 2}{12} = \frac{1}{12}$

$\frac{2}{3}+\frac{7}{9}-\frac{5}{6}+\frac{7}{12}-\frac{1}{9}$

Hauptnenner 36

$\frac{24+28-30+21-4}{36}=\frac{39}{36}$ gekürzt: $1\frac{1}{12}$

Teilbarkeit von Zahlen

teilbar durch	wenn	Beispiel
2	die letzte Ziffer eine gerade Zahl ist,	8194
3	die Quersumme durch 3 teilbar ist,	6561
4	die Zahl der letzten beiden Ziffern durch 4 teilbar ist,	4096
5	die letzte Ziffer 0 oder 5 ist,	15625
6	die Quersumme einer geraden Zahl durch 3 teilbar ist,	7782
9	die Quersumme durch 9 teilbar ist,	59058
12	die Zahl der letzten beiden Ziffern durch 4 und die Quersumme der Gesamtzahl durch 3 teilbar ist,	1728
15	die letzte Ziffer 0 und die Quersumme durch 3 teilbar ist,	3390
18	die letzte Ziffer eine gerade Zahl und die Quersumme der Gesamtzahl durch 9 teilbar ist.	11736

Übungsaufgaben zu 3.3

1. Addieren bzw. subtrahieren Sie die Brüche:
   a) $\frac{3}{11}+\frac{4}{11}+\frac{9}{11}+\frac{5}{11}$
   b) $5\frac{1}{17}+2\frac{3}{17}+\frac{12}{17}+1\frac{9}{17}$
   c) $\frac{14}{15}-\frac{3}{15}-\frac{6}{15}-\frac{1}{15}$
2. Bestimmen Sie den Hauptnenner und ermitteln Sie das Ergebnis:
   a) $\frac{3}{5}+\frac{5}{7}+\frac{7}{8}+\frac{1}{28}+\frac{5}{14}$
   b) $2\frac{1}{12}+\frac{1}{4}+5\frac{2}{15}+1\frac{5}{15}$
   c) $6\frac{1}{10}-2\frac{3}{5}-\frac{11}{12}-1\frac{1}{3}$
   d) $2\frac{1}{3}+5\frac{2}{5}-1\frac{6}{7}-\frac{3}{4}+6\frac{1}{2}$

3.4 Multiplizieren von Brüchen

Zur Erinnerung
Gleichnamige Brüche:
Die Nenner sind gleich
z. B. $\frac{6}{8} \cdot \frac{3}{8}$

Brüche werden multipliziert, indem man Zähler mit Zähler und Nenner mit Nenner multipliziert.

- Beim Multiplizieren können Brüche gleichnamig oder ungleichnamig sein.
- Vor dem Rechenvorgang sollte der Bruch, falls möglich, gekürzt werden.
- Ganze Zahlen werden mit Bruchstrich geschrieben.
- Gemischte Zahlen werden zur Vereinfachung in unechte Brüche verwandelt.

Beispiele

$\frac{3}{7} \cdot \frac{5}{7}$ $\qquad \frac{3 \cdot 5}{7 \cdot 7} = \frac{15}{49}$

$\frac{3}{10} \cdot 4 \cdot \frac{1}{3}$ $\qquad \frac{3 \cdot 4 \cdot 1}{10 \cdot 1 \cdot 3} = \frac{12}{30}$ gekürzt: $\frac{2}{5}$

$2\frac{1}{7} \cdot 3\frac{3}{10}$ $\qquad \frac{15 \cdot 33}{7 \cdot 10} = \frac{495}{70}$ gekürzt: $7\frac{1}{14}$

Übungsaufgaben zu 3.4

1. a) $\frac{1}{9} \cdot \frac{7}{9}$ b) $\frac{5}{14} \cdot \frac{9}{14}$ c) $\frac{1}{3} \cdot \frac{5}{6}$
   d) $\frac{19}{25} \cdot \frac{2}{3}$ e) $\frac{41}{49} \cdot \frac{3}{19}$ f) $\frac{7}{34} \cdot \frac{5}{9}$
2. a) $\frac{3}{7} \cdot 5$ b) $36 \cdot \frac{1}{3}$ c) $\frac{16}{27} \cdot 3$
   d) $2 \cdot \frac{19}{48}$ e) $3 \cdot \frac{12}{15}$ f) $\frac{13}{16} \cdot 5$
3. a) $14\frac{1}{3} \cdot 3\frac{1}{9}$ b) $7\frac{1}{7} \cdot 4\frac{3}{7}$ c) $2 \cdot 9\frac{2}{11}$
   d) $12\frac{16}{21} \cdot 5\frac{1}{3} \cdot \frac{4}{7}$ e) $31\frac{1}{4} \cdot 7 \cdot 2\frac{1}{3}$ f) $\frac{9}{11} \cdot 3 \cdot 5\frac{1}{2}$

3.5 Dividieren von Brüchen

Definition
Kehrwert:
Zähler wird Nenner;
Nenner wird Zähler.
$\frac{1}{7} \rightarrow \frac{7}{1}$

Brüche werden dividiert, indem man den ersten Bruch mit dem Kehrwert des zweiten Bruchs multipliziert. Es gelten die Rechenregeln wie beim Multiplizieren von Brüchen (s. Kap. 3.4).

Beispiele

$\frac{5}{7} : \frac{1}{7}$

$\frac{5 \cdot 7}{7 \cdot 1} = \frac{35}{7}$ gekürzt: 5

$\frac{3}{9} : 4$

$\frac{3 \cdot 1}{9 \cdot 4} = \frac{3}{36}$ gekürzt: $\frac{1}{12}$

$\frac{9}{11} : \frac{1}{3}$

$\frac{9 \cdot 3}{11 \cdot 1} = \frac{27}{11}$ gekürzt: $2\frac{5}{11}$

$3\frac{1}{5} : 2\frac{1}{3}$

$\frac{16 \cdot 3}{5 \cdot 7} = \frac{48}{35}$ gekürzt: $1\frac{13}{35}$

Übungsaufgaben zu 3.5

1. a) $\frac{15}{22} : \frac{3}{22}$ b) $\frac{3}{7} : \frac{1}{2}$ c) $\frac{13}{18} : \frac{7}{12}$
d) $\frac{1}{3} : \frac{1}{18}$ e) $\frac{17}{31} : \frac{3}{4}$ f) $\frac{25}{29} : \frac{2}{3}$

2. a) $\frac{25}{4} : 3$ b) $\frac{18}{27} : 9$ c) $5 : \frac{11}{16}$
d) $54 : \frac{6}{8}$ e) $\frac{23}{31} : 15$ f) $37 : \frac{1}{7}$

3. a) $2\frac{1}{2} : 3\frac{1}{4}$ b) $12\frac{5}{6} : 6\frac{5}{8}$ c) $17\frac{1}{5} : 4\frac{1}{4}$
d) $11\frac{1}{5} : 12\frac{1}{3}$ e) $16\frac{8}{9} : 4\frac{8}{10}$ f) $52\frac{5}{14} : 3\frac{2}{9}$

Textaufgaben zum Bruchrechnen

1. Es werden verschiedene Blumenvasen mit Wasser gefüllt: 2 Stück zu je $\frac{1}{3}$ Liter, 5 Stück zu je $\frac{3}{4}$ Liter, 3 Stück zu je $1\frac{1}{6}$ Liter, 2 Stück zu je $11\frac{1}{5}$ Liter und 2 Stück zu je $2\frac{3}{50}$ Liter. Berechnen Sie den gesamten Wasserbedarf.

2. Floristin Mareike möchte von ihrem Lohn einen festen monatlichen Betrag von 540 € für folgende Ausgaben bereithalten: $\frac{1}{5}$ für Kleidung, $\frac{1}{4}$ Mietanteil und $\frac{1}{6}$ beträgt die Leasingrate für ihren Kleinwagen. Der Rest wird angelegt.
Wie viel Euro betragen die einzelnen Anteile?

3. Ein Substrat besteht zu $\frac{1}{2}$ aus Kompost, zu $\frac{1}{6}$ aus Sand und zu $\frac{1}{4}$ aus Gartenerde. Der Rest ist Torf. Berechnen Sie den Torfanteil.

4. Für einen Verkaufsraum werden Bodenfliesen gekauft. Der Raum ist $12\frac{1}{2}$ m lang und $7\frac{1}{5}$ m breit.
Wie viel kosten die Fliesen, wenn für 1 m^2 59,– € berechnet werden?

5. Eine Erbschaft wird unter vier erbberechtigten Personen so verteilt, dass A $\frac{1}{3}$, B $\frac{1}{5}$, C $\frac{1}{7}$ und D den Rest, nämlich 3060,– € bekommt.
Wie viel Geld erhält jeder?

6. Vier Gartenbaubetriebe teilen sich eine Waggonladung von 180 dt Spezialerde. A bekommt $\frac{1}{6}$, B $\frac{1}{3}$, C $\frac{1}{5}$ und D den Rest.
Wie groß ist der Anteil in kg?

Merksätze

- Das Bruchrechnen ist eine gute Vorübung für andere Rechenvorgänge (z. B. Prozentrechnen), da oft sogenannte bequeme Teiler (Brüche) das Rechnen vereinfachen.
- Ein Bruch kann durch Umwandeln, Erweitern oder Kürzen in seiner Form verändert werden; der Wert des Bruchs bleibt erhalten.
- Durch das Bruchrechnen im Rahmen der Grundrechenarten wird die Beziehung zu Zahlen und der Umgang mit Zahlen (z. B. Teilbarkeit der Zahlen) verbessert.

4 Dreisatz und Vielsatz

▶ Seit Abschaffung der kostenlosen Plastiktüten für Kunden lässt Herr Grün umweltfreundliche Stofftaschen mit Werbeaufdruck herstellen. Die einmalige Einrichtung der Siebdruckvorlage kostet unabhängig von der Stückzahl der Taschen 58,- Euro. Zusätzlich kosten 50 bedruckte Taschen 24,50 Euro; für 100 bis 200 Taschen reduziert sich der Stückpreis ohne Siebdruck-Einrichtung bereits um ein Fünftel. Herr Grün stellt fest, dass sich der Preis für eine Tasche bei Abnahme einer höheren Anzahl wesentlich reduziert. Berechnen auch Sie den Stückpreis für eine Tasche bei Abnahme von 50 und 200 Stück.

Bei der **Dreisatzrechnung** führt der Rechenweg in drei Sätzen von der Mehrheit über die Einheit zur neuen gesuchten Mehrheit. Beim **zusammengesetzten Dreisatz (Vielsatz)** wird durch die Änderung von mehr als einer Größe eine Gesamtänderung erreicht.
Man unterscheidet zwei Arten von Dreisatzaufgaben:

- Dreisatz mit proportionalem Zusammenhang;
- Dreisatz mit antiproportionalem Zusammenhang.

4.1 Dreisatz mit proportionalem Zusammenhang

Beispiel
Je **größer** die Stückzahl, desto **größer** die Kosten.
Je **kleiner** die Stückzahl, desto **kleiner** die Kosten.

Bei Dreisatzaufgaben mit proportionalem Zusammenhang stehen die Größen im gleichen Verhältnis zueinander (direkter Dreisatz).

Beispielaufgabe

15 Rosen kosten 19,50 €
Wie viel kosten 12 (2, 3, 7) Rosen?

Lösung in drei Sätzen

Gegebene Größe (Mehrheit)	
1. Satz	15 Stück = 19,50 €
Einheit (15. Teil)	
2. Satz	1 Stück = $\frac{19{,}50}{15}$
Gesuchte Größe (neue Mehrheit)	
3. Satz	12 Stück = $\frac{19{,}50 \cdot 12}{15}$
	12 Stück = **15,60 €**

Lösung mit Bruchstrich (Lösung in abgekürzter Form): Schreibt man die drei Sätze auf einen verlängerten Bruchstrich, kann das Rechnen vereinfacht werden.

Ansatz (gegebene Größe)	15 Stück = 19,50 €
Fragesatz	12 Stück = x €
Lösung	$x = \frac{19{,}50 \cdot 12}{15}$
	x = **15,60 €**

Lösungshinweise

- Die bekannte Größe erscheint immer im Ansatz als Bedingungssatz.
- Der Fragesatz steht darunter. Die gleichen Benennungen werden untereinander geschrieben; die gesuchte Größe (x) steht immer am Ende des Satzes.
- Durch Erfragen wird die Lösung auf dem Bruchstrich eingetragen:
  „15 Rosen kosten 19,50 €." (19,50 – die Angabe über x – steht auf dem Bruchstrich.)
  „1 Rose kostet 15-mal **weniger**." (15 **unter** den Bruchstrich.)
  „12 Rosen kosten 12-mal **mehr**." (12 **auf** den Bruchstrich.)

Berechnen Sie nun die genannten Stückzahlen (Klammerangaben der Aufgabe) und stellen Sie alle Ergebnisse als Grafik dar.

Übungsaufgaben zu 4.1

1. Für eine Hochzeit werden 24 Tischgestecke zu einem Pauschalpreis von 636,– € geliefert. Wie viel würden 11 (28) Tischgestecke kosten?
2. Zum Muttertag werden 2820 Werbeschreiben verteilt. Es gehen
   a) 705 Anfragen und
   b) 1128 Bestellungen ein.
   Berechnen Sie die Anzahl der Anfragen und Bestellungen auf 100 Werbeschreiben (Prospekte).
3. In einem Gewächshaus, das 6 m breit und 30 m lang ist, werden jährlich 50000 Nelken geerntet. Berechnen Sie die Ernte in einem Gewächshaus, das bei gleicher Breite 50 m lang ist.

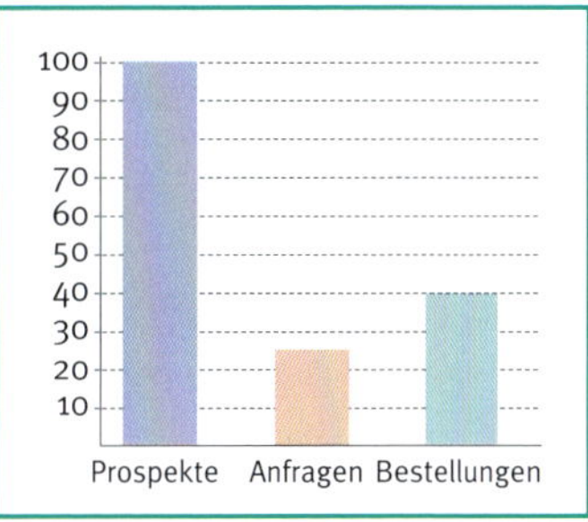

Abb. 4
Grafik als Kontrolle zur Übungsaufgabe 2

4.2 Dreisatz mit antiproportionalem Zusammenhang

Bei Dreisatzaufgaben mit antiproportionalem Zusammenhang stehen die Größen im umgekehrten Verhältnis zueinander (indirekter Dreisatz).

Beispiel

Je **mehr** Arbeitskräfte, desto **weniger** Zeit wird für eine Arbeit benötigt.
Je **weniger** Arbeitskräfte, desto **mehr** Zeit wird für die gleiche Arbeit benötigt.

Beispielaufgabe

Vier Floristinnen benötigen für eine Dekoration 24 Stunden. Wie viel Zeit wird beansprucht, wenn sich 6 (8, 10, 15) Floristinnen diese Arbeit teilen?

Lösung in drei Sätzen

1. Satz	4 Flor.	= 24 Stunden
2. Satz	1 Flor.	= 24 · 4
3. Satz	6 Flor.	$= \frac{24 \cdot 4}{6}$
		= **16 Stunden**

Lösung mit Bruchstrich

Ansatz	4 Flor.	24 Stunden
Fragesatz	6 Flor.	x Stunden
Lösung	$x = \frac{24 \cdot 4}{6}$	
	x = **16 Stunden**	

Lösungshinweis

„Für die Arbeit werden 24 Stunden benötigt." $\left(\frac{24}{}\right)$

„1 Floristin benötigt 4-mal **mehr** Zeit." $\left(\frac{24 \cdot 4}{}\right)$

„6 Floristinnen benötigen 6-mal **weniger** Zeit." $\left(\frac{24 \cdot 4}{6}\right)$

Berechnen Sie nun die weiteren Angaben der Beispielaufgabe und stellen Sie alle Ergebnisse als Grafik dar.

Definition

zur Übungsaufgabe 1
„Sommerflor"
Flor (lat.): Blumenfülle; Blütenpracht; Menge blühender Blumen (der gleichen Art). Auch: Wohlstand, Gedeihen.

Übungsaufgaben zu 4.2

1. Für die Ernte von Sommerflor werden 7 Leute eingesetzt. Sie benötigen insgesamt 52,5 Arbeitsstunden. Wie lange dauert die Ernte, wenn 15 Leute eingesetzt werden?
2. Für die Inventur brauchen 2 Floristen 3 Tage bei einer täglichen Arbeitszeit von 6 Stunden.
   Wie viel Zeit würden 3 Floristen für die Inventur benötigen?
3. Zur Vorbereitung einer großen Hochzeit werden 6 Floristinnen beauftragt. Die Arbeit soll in 3 Tagen fertig sein. Nach einem Tag erkranken 2 Floristinnen. Wie lange würden die Vorbereitungen dauern, wenn die tägliche Arbeitszeit gleich bliebe?

4.3 Zusammengesetzter Dreisatz

Beim zusammengesetzten Dreisatz sind mehrere Größen im proportionalen oder antiproportionalen Verhältnis zu berechnen. Die Lösung der Aufgabe geschieht in mehreren Teillösungen von jeweils drei Sätzen oder auf einem gemeinsamen Bruchstrich.

Info

Durchschnittliche Werte sind statistische Werte. Der Verbrauch an Beiwerk in verschiedenen Betrieben kann stark variieren durch z. B. Größe und Preis der einzelnen Stängel oder kompakte bzw. lockere Basisgestaltung in den Werkstücken. Ebenso ist die Arbeitsleistung tatsächlich bedingt durch persönliche oder äußere Einflüsse.

Beispielaufgabe 1 (proportionales Verhältnis)

5 Blumengeschäfte verbrauchen an 3 Tagen für 630 € Beiwerk.
Wie viel € geben 9 Blumengeschäfte an 5 Tagen durchschnittlich für Beiwerk aus?

Lösung in drei Sätzen

1. Teillösung

1. Satz	5 Geschäfte	= 630,– € (3 Tage)
2. Satz	1 Geschäft	$= \frac{630}{5}$
3. Satz	9 Geschäfte	$= \frac{630 \cdot 9}{5}$
		= 1134,– €

2. Teillösung

1. Satz	3 Tage	= 1134,– €
2. Satz	1 Tag	$= \frac{1134}{3}$
3. Satz	5 Tage	$= \frac{1134 \cdot 5}{3}$
		= **1890,– €**

Lösung mit Bruchstrich

Ansatz	5 Geschäfte	3 Tage	630,– €
Fragesatz	9 Geschäfte	5 Tage	x €

Lösung $x = \frac{630 \cdot 9 \cdot 5}{5 \cdot 3}$

x = **1890,– €**

Lösungshinweis

„5 Geschäfte verbrauchen 630,– €."	$\left(\frac{630}{}\right)$
„1 Geschäft verbraucht 5-mal **weniger**."	$\left(\frac{630}{5}\right)$
„9 Geschäfte verbrauchen 9-mal **mehr**."	$\left(\frac{630 \cdot 9}{5}\right)$
„1 Tag verbraucht 3-mal **weniger**."	$\left(\frac{630 \cdot 9}{5 \cdot 3}\right)$
„5 Tage verbrauchen 5-mal **mehr**."	$\left(\frac{630 \cdot 9 \cdot 5}{5 \cdot 3}\right)$

Beispielaufgabe 2 (antiproportionales Verhältnis)

Eine Dekoration soll von 6 Floristen bei einer täglichen Arbeitszeit von 8 Stunden in 3 Tagen ausgeführt werden. Wie lange arbeiten 3 Floristen bei einer Arbeitszeit von täglich 9 Stunden?

Lösung mit Bruchstrich

Ansatz	6 Floristen	8 Stunden tägl.	3 Tage
Fragesatz	3 Floristen	9 Stunden tägl.	x Tage

Lösung $x = \frac{3 \cdot 6 \cdot 8}{3 \cdot 9}$

x = **5,$\overline{3}$ Tage**

x = **5 Tage und 3 Stunden**

Lösungshinweis

- Überprüfen Sie die Angaben auf bzw. unter dem Bruchstrich, indem Sie die Lösungsschritte nennen.
- Schreiben Sie die Lösung in drei Sätzen auf.

Definition

0,$\overline{3}$ Tage sind $^1/_3$ eines 9-stündigen Arbeitstages; also 3 Stunden.

Übungsaufgaben zu 4.3

1. Zwei Floristinnen fertigen für eine Ausstellung in 4 Stunden 16 große Gestecke.
Wie viel Gestecke würden 3 Floristinnen in 5 Stunden fertigen?
2. Um eine Lieferung von 90 Stück Keramikwaren auszupacken und verkaufsfertig in die Regale zu räumen, benötigen 3 Floristinnen insgesamt 10 Stunden.
Wie viel Artikel können von 5 Floristinnen in nur 8 Stunden eingeräumt werden?
3. Die Dekoration für eine Festhalle wird von 4 Floristen an 3 Tagen zu je 7 Stunden Arbeitszeit erledigt.
Wie lange müssen 5 Floristen täglich arbeiten (Stunden und Minuten), um die Dekoration in 2 Tagen zu erstellen?
4. Für die anfallende Dekoration für eine Operngala sind 6 Floristinnen an 5 Arbeitstagen täglich 8 Stunden im Opernhaus eingeplant. Wegen dringender Proben muss kurzfristig die Arbeit an nur 4 Tagen fertiggestellt werden. Daraufhin setzt das Floristikgeschäft 2 zusätzliche Floristinnen ein.
Wie viele Stunden müssen die Floristinnen nun täglich arbeiten, um die Dekoration fertigzustellen?
5. Eine Rolle Maschendraht zur Stabilisierung von Steckmasse wiegt 11 kg. Der Maschendraht hat eine Gesamtlänge von 25 m und eine Breite von 0,80 m.
Wie viel kg wiegen 15 m bei einer Breite von 1,20 m?
6. Eine zweispaltige Zeitungsanzeige kostet bei einer Höhe von 60 mm 237,60 €.
Wie teuer ist eine dreispaltige Anzeige bei einer Höhe von 80 mm?

Vermischte Aufgaben

1. Im Flormarkt Roth kosten 15 Lilien 16,50 €. Wie viel kosten 4 (5, 9, 26) Stück?
2. Eine Floristin fertigt für eine Beerdigung 4 Kränze. Dafür benötigt sie 5 Stunden und 20 Minuten.
Wie lange braucht sie für 3 (5, 7) Kränze?
3. Am Valentinstag werden in 11 Blumenfachgeschäften zusammen 1265 Edelrosen verkauft.
Berechnen Sie die unter gleichen Bedingungen verkauften Rosen für 8 (5) Blumenfachgeschäfte.
4. Veronika sucht eine Nachmieterin und inseriert online. Der Basic-Tarif für 28 Tage beträgt 59,90 €, der Power-Tarif jedoch 149,90 €. Berechnen Sie die Kosten für beide Tarife für den Fall, dass Veronika die Basic-Anzeige nur 20 Tage oder die Power-Anzeige nur 12 Tage einstellen möchte. Für diese individuelle Leistung müsste sie einen Aufpreis von jeweils 15 % des Angebotspreises zahlen.
5. Ein Blumengeschäft wird mit einer Solar- und neuer Heizungsanlage ausgestattet. Zum Einbau benötigen normalerweise 3 Handwerker 8 Arbeitstage bei einer täglichen Arbeitszeit von 7,5 Stunden. Nach 2 Tagen muss wegen unerwarteter technischer Probleme ein weite-

rer Handwerker eingesetzt werden, die Arbeit muss jedoch einen Tag früher fertig sein.
Wie lange (Stunden und Minuten) müssen jetzt die Handwerker rein rechnerisch täglich arbeiten?

6. Florist Uwe streicht Dekorationselemente für eine Ausstellung. Die Farbdose mit 0,75 kg Inhalt reicht für ca. 8 m^2 Fläche.
   a) Wie viel kg Farbe benötigt Uwe für 31 m^2 Fläche?
   b) Wie viel Dosen Farbe muss Uwe kaufen?
7. Für bisher 215 m^2 Geschäftsräume in bevorzugter Lage hat ein Blumengeschäft monatlich 2257,50 € Miete bezahlt.
   Wie hoch ist die Miete künftig bei gleichem Preis pro m^2, wenn ein Raum mit 29 m^2 Fläche hinzugemietet wird?
8. Bei einer Adventsausstellung schenkt Veronika an die Besucher Apfelpunsch aus. In einer Stunde werden durchschnittlich 16 Becher ausgegeben, das sind 22,4 Liter Punsch in 6 Stunden. Wie lange reichen 31,4 Liter Punsch, wenn stündlich 24 Becher ausgegeben werden?
9. In 6 Tagen verdienen 9 Floristen bei einer täglichen Arbeitszeit von 8 Stunden 5410,– €.
   Wie viel € verdienen 5 Floristen in 14 Tagen bei 7,5 Stunden täglicher Arbeitszeit?
10. Fünf Austräger einer Werbefirma verteilen in 5,5 Stunden 4125 Werbeprospekte.
    Wie viel Prospekte können bei gleichem Einsatz verteilt werden, wenn 6 Personen 7 Stunden tätig sind?
11. Ein Schaufenster wird täglich von 20 Lampen drei Stunden beleuchtet. An 30 Tagen fallen dafür Kosten von 10,80 € an.
    Wie hoch sind die Kosten, wenn über die Weihnachtszeit an 28 Tagen 7 Lampen zusätzlich brennen und die Beleuchtung jeweils um 16.15 Uhr eingeschaltet und erst um 22.30 Uhr ausgeschaltet wird?
12. Florist Uwe muss eine größere Anzahl Fleurop-Hefte mit dem Firmenstempel seines Geschäfts versehen. Wenn er in der Minute 24 Heftchen stempelt, braucht er für die Arbeit 20 Minuten.
    In welcher Zeit kann er die Arbeit erledigen, wenn er in der Minute 6 Heftchen mehr abstempelt?
13. Eine Berufsschulklasse fährt zur Landesgartenschau. Die Buskosten für 34 Schüler betragen 748,– € (Festpreis). Wegen Erkrankung können 4 Schüler an der Lehrfahrt nicht teilnehmen.
    Wie hoch sind nun die Fahrtkosten für jeden einzelnen Schüler?
14. Die Blumenzentrale Grün hat ein Angebot für 16 Dekorationsbäume zu je 36,– € erhalten. Herr Grün entschließt sich jedoch für eine andere Sorte zu je 28,– €.
    Wie viel Dekorationsbäume (gerundet) bekommt er jetzt für den gleichen Gesamtbetrag?
15. Ein Blumenhändler bietet 3 Dutzend Rosen zu insgesamt 41,40 € an. Herr Grün will jedoch für den gleichen Betrag billigere Rosen, das Stück zu 0,90 €.
    Wie viel Rosen bekommt er nun für den ursprünglichen Betrag?
16. Floristin Veronika rechnet sich aus, dass sie im Urlaub in 14 Tagen täglich 32,40 € ausgeben darf. Wie viel € kann sie täglich verbrauchen, wenn sie ihren Urlaub um 4 Tage verlängert?

Zusatzinformation

zur Aufgabe 15
1 Dutzend = 12 Stück
lat.: duodecim (12)
frz.: douze (12)

Zusatzinformation

zur Aufgabe 17
pikieren = vereinzeln

Abb. 5
Pikieren

Merksätze

- Bei Dreisatzaufgaben rechnet man von der Mehrheit über die Einheit zur neuen Mehrheit.
  - Beim einfachen Dreisatz verändert sich eine Größe.
  - Beim zusammengesetzten Dreisatz wird durch die Änderung von mehreren Größen eine Gesamtänderung erreicht.
- Zuerst muss geprüft werden, ob es sich bei einer Aufgabe um einen einfachen Dreisatz oder Vielsatz mit proportionalem oder antiproportionalem Verhältnis handelt.
- Lösungsansatz und Fragesatz sind für den richtigen Lösungsweg entscheidend.
- Die Lösung auf einem gemeinsamen Bruchstrich verkürzt den Lösungsweg.
- Das Dreisatzrechnen hat im floristisch-kaufmännischen Bereich eine große Bedeutung. Anwendungsgebiete sind z. B. der Verkauf, die Materialbeschaffung und die Kalkulation.

17. Im Zierpflanzenbetrieb „Jungflora" pikieren 4 Gärtner in 3 Stunden 12 000 Sämlinge.
Wie viel Stunden und Minuten brauchen 5 Gärtner für 16 500 Sämlinge?

18. Es wurde eingeplant, dass im Rahmen einer Verbraucherausstellung von Freitag bis Sonntag an die Besucher 2400 Blumensträuße verkauft werden sollen. Diese Sträuße können von fünf Auszubildenden aus verschiedenen Betrieben an diesen drei Tagen zu jeweils 6 Stunden Arbeitszeit gebunden und verkauft werden. Nach zwei Tagen während dieser Aktion fallen jedoch zwei Auszubildende aus.
Wie lange müssen die verbliebenen Auszubildenden am dritten Tag arbeiten, um die restlichen Sträuße zu binden und zu verkaufen?

19. Für die Herstellung von 36 Tischgestecken brauchen 3 Floristen insgesamt 3 Stunden. Da zu spät mit der Arbeit begonnen wurde, hilft nach einer Stunde Arbeitszeit noch eine weitere Floristin mit.
Wie viel Zeit wird dadurch gewonnen?

20. Sieben Blumenfachgeschäfte einer Stadt entschließen sich zu einer gemeinsamen Werbeaktion. Sie errechnen eine Gesamtausgabe von 6510,– €.
Wie hoch ist der Anteil eines Betriebs, wenn sich weitere 6 Läden anschließen, der errechnete Gesamtpreis aber gleich bleibt?

21. Beim Umzug in das neue Gewächshaus waren drei Floristen bei 8,5 Stunden täglicher Arbeitszeit insgesamt 4 Tage beschäftigt.
Wie viel Tage hätten 2 Floristen bei 9 Stunden täglicher Arbeitszeit für den Umzug benötigt?

22. Die Inventur eines Blumenfachgeschäfts wurde im vergangenen Jahr von 4 Angestellten in 4 Tagen bei je 6 Stunden Arbeitszeit durchgeführt. In diesem Jahr soll die gleiche Arbeit in 2 Tagen zu je 8 Stunden erledigt werden.
Wie viel Angestellte sind zusätzlich einzusetzen?

23. Drei Floristinnen benötigen für eine große Dekoration zwei Tage, wenn sie von 8.00 bis 22.00 Uhr arbeiten und insgesamt 1 Stunde Pause machen.
Um wie viel Uhr ist die Arbeit beendet, wenn am zweiten Tag eine Floristin zusätzlich mitarbeitet?

24. Eine Raumdekoration soll in 2 Tagen fertig sein. Es wird vorher errechnet, dass für diese Arbeit 3 Floristinnen an jedem der beiden Tage 4 Stunden zu arbeiten haben. Kurz vorher erkrankt eine Floristin, sodass die zwei verbleibenden Floristinnen die Arbeit erledigen müssen.
Zu diese Dekoration kommt zusätzlich noch eine weitere Dekoration, die von einer Floristin in 4 Stunden erarbeitet werden kann und gleichzeitig erledigt werden muss.
Wie viel Stunden muss jede der beiden Floristinnen an jedem der beiden Tage für die Dekoration arbeiten?

5 Rechnen mit ausländischen Währungen

▶ Wer rechnet noch Währungen um? Sie sind überall und jederzeit vernetzt, können in allen Ländern, die den Euro nicht als offizielles Zahlungsmittel kennen, den Betrag der Landeswährung in Euro mit Ihrem Smartphone übers Internet abrufen. Stellen Sie sich jedoch vor, Sie lesen während Ihres Urlaubs in Thailand auf der Speisekarte einen Betrag in Höhe von 655 THB und können damit nichts anfangen, weil ihr Akku streikt. Sich vorab eine Übersicht über das Verhältnis von Euro zur Landeswährung anzueignen, ist im Urlaub immer von Vorteil. Rechnen Sie den oben genannten Wert der Speise in Euro um (s. Tabelle Seite 28/Spalte Verkauf) und nennen Sie einen geeigneten ganzzahligen Divisor für diese Währung.

5.1 Begriffserklärungen

• Währung

Währung ist die Geldverfassung eines Landes, in der das gesamte Geldwesen geregelt wird. Zur Euro-Zone gehören derzeit (Juni 2018) neunzehn Euro-Länder, die den Euro als gesetzliches Zahlungsmittel festgelegt haben: *Belgien, Deutschland, Estland, Finnland, Frankreich, Griechenland, Irland, Italien, Lettland, Litauen, Luxemburg, Malta, Niederlande, Österreich, Portugal, Slowakei, Slowenien, Spanien, Zypern.*

Diese gemeinsame Währung erleichtert auch in Blumengeschäften grenznaher Gebiete den Verkauf und eröffnet vielseitige Möglichkeiten grenzüberschreitender Aktionen, wie z. B. große Dekorationen oder die Gewinnung von Stammkunden aus den Nachbarländern.

Abb. 6
Outdoor-Verkauf in der Schweiz – vergleichen Sie den Preis mit dem Verkaufspreis in Ihrem Geschäft (Tabelle Seite 28).

• Devisen

Devisen sind Guthaben oder Forderungen in ausländischer Währung. Devisen können bei Geldinstituten zum Devisenkurs in inländische Währung umgewandelt werden (z. B. Überweisungen, Schecks, Wertpapiere, Wechsel).

• Sorten

Sorten sind ausländische Banknoten und Münzen, die z. B. ein Tourist für seine Reise in ein „Nicht-Euro-Land" zum Sortenkurs (Touristenkurs) eingewechselt hat. Sorten werden als Noten ausbezahlt bzw. angenommen.

• Kurs

Der Kurs gibt das Umrechnungsverhältnis im Ankauf bzw. Verkauf von Währungen (Sortenkurs, Devisenkurs) an.

Der Umrechnungskurs richtet sich nach Angebot und Nachfrage an der Börse oder nach zwischenstaatlichen Vereinbarungen. Informationen über die täglich aktualisierten Kurse der Europäischen Zentralbank erhält man im Internet oder durch den Kurszettel, der bei Geldinstituten ausgehängt ist und regelmäßig in den Tageszeitungen erscheint.

Definition

Ankauf:
Das Geldinstitut kauft ausländische Währung an und zahlt € aus (Geldkurs).
Verkauf:
Das Geldinstitut verkauft ausländische Währung für € (Briefkurs).

Währungstabelle

Land	Währungen und ISO-Code		Ankauf	Verkauf
Ägypten	**EG**YPT **P**FUND	EGP	18,21	28,88
Australien	**AU**STRALIA **D**OLLAR	AUD	1,48	1,60
Dänemark	**D**ENMAR**K** **K**RONE	DKK	7,20	7,70
Großbritannien	**G**REAT **B**RITAIN **P**FUND	GBP	0,86	0,91
Island	**IS**LAND **K**RONE	ISK	123,90	125,08
Japan	**J**A**P**AN **Y**EN	JPY	124,84	133,81
Kanada	**CA**NADA **D**OLLAR	CAD	1,47	1,59
Kroatien	**HR**VATSKA **K**UNA	HRK	6,92	7,84
Norwegen	**NO**RGE **K**RONE	NOK	9,08	9,84
Polen	**POL**E**N** ZLOTY	PLN	3,82	4,57
Russland	**RU**SSIA **R**UBEL	RUB	66,20	79,01
Schweden	**S**V**E**RIGE **K**RONE	SEK	9,79	10,65
Schweiz	S**CH**WEIZ **F**RANKEN	CHF	1,12	1,20
Südafrika	**S**OUTH **A**FRIKA **R**AND	ZAR	14,69	16,33
Thailand	**TH**AILAND **B**AHT	THB	33,73	40,93
Türkei	**T**Ü**R**KI**Y**E LIRA	TRY	4,80	5,67
Ungarn	**HU**NGARY **F**ORINT	HUF	302,02	337,13
USA	**U**NITED **S**TATES **D**OLLAR	USD	1,14	1,22

Anmerkung: Die hier als Beispiele genannten Kurse beziehen sich auf einen Gegenwert von 1,00 Euro (Stand: 12. Juni 2018).

5.2 Umrechnen ausländischer Währungen in Euro

Info

Eventuelle Gebühren der Bankinstitute werden nicht berücksichtig.

Das Umrechnen ausländischer Währungen in Euro ist eine angewandte Dreisatzrechnung.

Weil sich der Kurs (Ankauf/Verkauf) auf jeweils 1 € bezieht, wird der Auslandsbetrag nur durch den Kurswert dividiert; die Angabe 1 € bleibt unberücksichtigt.

Definition

$$\frac{\text{Auslandsbetrag}}{\text{Kurswert}} = €$$

Beispielaufgabe

Tina hat aus ihrem Schwedenurlaub noch 196,– schwed. Kronen mitgebracht. Wie viel € bekommt sie in Deutschland dafür ausbezahlt?

Lösung im Dreisatz (Ankauf)

9,79 SEK = 1 €
196,00 SEK = x €

$$\frac{1\,€ \cdot 196\ \text{SEK}}{9{,}79\ \text{SEK}} = \mathbf{20{,}02\ €}$$

Übungsaufgaben zu 5.2

Verwenden Sie die Kurstabelle auf Seite 28.

1. Sie arbeiten in einem Blumengeschäft eines Flughafens und haben zahlreiche ausländische Kunden, die gelegentlich in ihrer Heimatwährung bezahlen. Einmal in der Woche bringen Sie sämtliche Auslandsbeträge zur Bank.
   Berechnen Sie den jeweiligen Gegenwert in Euro.
   a) 191,98 CHF
   b) 122,24 GBP
   c) 669,08 NOK
   d) 381,00 USD
   e) 9982,75 HUF
2. Die Blumenzentrale Grün bezieht aus Dänemark handgefertigte Kerzen für insgesamt 7344,26 dän. Kronen. Wie teuer ist die Ware in € ohne Berücksichtigung weiterer Kosten (Kurs Ankauf)?
3. Angehende Floristinnen und Floristen einer Berufsschule bestellen gemeinsam 34 Exemplare einer aus der Schweiz stammenden Broschüre über Trockenmaterialien. Ein Exemplar kostet 22,– schweiz. Franken. Die Gebühren betragen insgesamt 21,– €. Wie viel € muss jede Person bezahlen (Kurs Ankauf)?
4. Vier Floristinnen bringen aus ihrem Reiturlaub in Island 9856,– isländische Kronen zurück. Davon gehört Veronika $^1/_3$, Gabi $^1/_6$, Elli $^1/_4$ und Kathrin der Rest.
   Wie viel € bekommt jede nach dem Umtausch in Deutschland?
5. Im Blumengeschäft Scholl arbeitet ein junger Norweger, der monatlich seiner Familie 1200,– norw. Kronen seines Verdienstes zukommen lassen möchte.
   Wie viel € muss er dafür monatlich zurücklegen (Kurs Ankauf)?

5.3 Umrechnen von Euro in ausländische Währung

Auch beim Umrechnen von Euro in eine ausländische Währung wird die Dreisatzrechnung angewandt. 1 € entspricht dem Kurswert (Ankauf/Verkauf).

Der Auslandsbetrag wird errechnet, indem man den Kurswert mit dem €-Betrag multipliziert und durch 1 € dividiert; die Angabe 1 € bleibt unberücksichtigt.

Definition

Auslandsbetrag = Kurswert · €-Betrag

Der Divisor 1 € kann in der Rechnung entfallen.

Beispielaufgabe

Tina wechselt für ihren nächsten Urlaub, den sie in Großbritannien verbringen will, 1400 € in britische Pfund um.
Wie viel GBP bekommt sie?

Lösung im Dreisatz (Verkauf)

1 € = 0,91 GBP
1400 € = x GBP

$$\frac{0{,}91\ \text{GBP} \cdot 1400\ €}{1\ €} = \mathbf{1274,–\ GBP}$$

Merksätze

- „Währung“ ist das in der Geldverfassung des Landes festgelegte Zahlungsmittel.
- „Devisen“ sind z. B. Überweisungen, Schecks, Wertpapiere oder Wechsel in ausländischer Währung.
- „Sorten“ sind Noten und Münzen in ausländischer Währung, die man für € eintauscht.
- Der „Kurs“ (Wechselkurs) gibt das Umrechnungsverhältnis der Auslandswährung für 1 € an.
- In der Praxis wird zwischen „Ankauf“ und „Verkauf“ von Auslandswährung unterschieden.
- Währungsrechnen hat seine Bedeutung beim Blumenverkauf vor allem in Grenzgebieten, bei direkten Geschäftsbeziehungen zu ausländischen Firmen und ebenso im Reiseverkehr.

Übungsaufgaben zu 5.3

Verwenden Sie die Kurstabelle auf Seite 28.

1. Auf der „Internationalen Gartenschau“ finden Sie Produkte aus aller Welt. Sie kaufen an verschiedenen Ständen Typisches aus dem Land für folgende €-Beträge:
   a) einen Bonsai aus Japan für 96,– €,
   b) ein Set geschnitzter Schalen aus Südafrika für 23,– €,
   c) polnische Püppchen für 46,– €,
   d) Früchte aus der Türkei für 29,– €.
   Wie viel ausländische Währungseinheiten von jedem Land würden Sie dafür in Deutschland bekommen (Verkauf)?
2. Frau Roth hat auf einer Floristikbedarfsmesse folkloristische Zusatzartikel aus Ungarn bestellt. Sie überweist nun nach Erhalt der Ware 1675 €. Wie viel Forint würde Frau Roth bei einem Barumtausch bei ihrer Bank dafür bekommen?
3. a) Eine Jugendgruppe reist nach Ägypten, wofür jeder Teilnehmer 780,– € ausgibt. Wie viel ägypt. Pfund erhält jeder Jugendliche beim Geldinstitut gewechselt?
   b) Jürgen bringt von dieser Reise noch 771,– ägypt. Pfund zurück. Er wechselt das Geld zu Hause wieder in € ein. Wie viel Euro bekommt er ausbezahlt?
4. Eine Floristin aus der Schweiz arbeitet saisonweise in München. Sie hat in fünf Monaten 5940,– € verdient. Davon tauscht sie $^1/_4$ in Deutschland in ihre Heimatwährung um. Wie viel Schweizer Franken bekommt sie dafür?
5. Das Blumenfachgeschäft Scholl vermittelt einen Fleurop-Strauß in die Heimat eines jungen Australiers. Der Strauß kostet einschließlich Gebühren 58,– €.
   Wie viel australische Dollar müsste der junge Mann für diesen Betrag hier eintauschen?
6. Für eine ausgedehnte Geschäftsreise wechselt Herr Taigl 500,– € in norw. Kronen, 300,– € in dän. Kronen und 800,– € in schwed. Kronen ein.
   Wie viel Auslandswährung bekommt Herr Taigl jeweils?
7. Für ihren Aufenthalt in Japan während eines Ikebana-Seminars wechselt Floristin Antje von vorgesehenen 1200,– € ein Fünftel für die Reise ein. Wie viel Yen bekommt sie dafür?

6 Durchschnittsrechnen

▶ Für zukünftige Floristen und Floristinnen ist es sicher auch interessant zu wissen, was Kunden kaufen und wie viel sie ausgeben; für Geschäftsinhaber ist dies von existenzieller Bedeutung.
Unter *https://www.genesis.destatis.de/genesis/online* kann man auf die Daten des Statistischen Bundesamtes zugreifen; Sie erhalten aber beispielsweise auch statistische Werte über Blumen und Pflanzen bei *AMI-informiert.de, info@fdf.de, fairtrade-deutschland.de, gaertnerboerse.de/aktuell, ipm-essen.de, taspo.de/kategorien/zierpflanzen-schnittblumen* oder *zvg-gartenbau-report.de*. Außerdem finden Sie Informationen in den verschiedenen Printmedien der Floristik und des Gartenbaus.

Interessante Angaben zu Durchschnittswerten im Blumen- bzw. Gartensektor:

Durchschnittlicher Kaufbetrag zum Muttertag (Stand: 2015)

Deutschland	19 €
Frankreich	28 €
Niederlande	21 €

Pro-Kopf-Ausgabe für Gartenbauprodukte und -zubehör (Stand: 2016)

Deutschland	225 €
Österreich	275 €
Niederlande	377 €

Online-Kauf (Stand: 2017)

Insgesamt wurden 48,7 Mrd. Euro online umgesetzt, davon 760 Mio. Euro im Bereich Gartenmarkt, jedoch entscheiden sich 80 % noch für den stationären Einkauf aufgrund von Duft, Haptik und Gefühlen.

Quelle: Publikationen *ipm-essen*

Unter *Durchschnitt* versteht man den Mittelwert zweier oder mehrerer Zahlen bzw. Größen (z. B. Durchschnittspreis, Durchschnittsmenge, Durchschnittsgröße, Durchschnittstemperatur, Durchschnittsgeschwindigkeit).
Man unterscheidet zwei Arten von Durchschnitten:

- den einfachen Durchschnitt; arithmetisches Mittel;
- den gewogenen Durchschnitt; gewichtetes arithmetisches Mittel.

6.1 Einfacher Durchschnitt

Alle vorliegenden Einzelwerte werden addiert und die Summe durch die Anzahl der Einzelwerte dividiert.

Beispielaufgabe

Info

Durchschnittswerte sind theoretische Werte; der Bruchteil bleibt daher im Ergebnis stehen.

Das „Blumengeschäft am Friedhof“ fertigt Kränze: Im Januar 20 Stück, im Februar 25 Stück, im März 19 Stück, im April 22 Stück, im Mai 11 Stück und im Juni 12 Stück. Wie viel Kränze wurden in diesem Halbjahr durchschnittlich in einem Monat gefertigt?

Lösung

Januar	20 Kränze
Februar	25 Kränze
März	19 Kränze
April	22 Kränze
Mai	11 Kränze
Juni	12 Kränze

109 Kränze $: 6 = 18{,}1\overline{6} \triangleq$ **18 $\frac{1}{6}$ Kränze**

Erstellen Sie dazu ein Säulendiagramm.

Übungsaufgaben zu 6.1

1. Im „Flormarkt Roth“ betragen die Tageseinnahmen am Montag 2296,20 €, am Dienstag 2100,90 €, am Mittwoch 1265,50 €, am Donnerstag 1870,00 € und am Freitag 2547,80 €. Am Samstag sind es 2897,90 €. Wie hoch sind die durchschnittlichen Tageseinnahmen?
2. In einer Woche wurden folgende Kundenzahlen festgehalten: Montag 103, Dienstag 215, Mittwoch 78, Donnerstag 121, Freitag 236 und Samstag 303.
   Wie viel Kunden besuchten das Geschäft durchschnittlich an einem Tag?
3. Beim Berechnen der Tagesdurchschnittstemperatur wird die Abendtemperatur (3. Ablesung) verdoppelt und die Gesamtsumme durch 4 dividiert. An einem Oktobertag wurden folgende Temperaturwerte notiert:
   1. Ablesung: 1,0 °C
   2. Ablesung: 17,0 °C
   3. Ablesung: 6,2 °C
   Wie hoch war die durchschnittliche Tagestemperatur?

6.2 Gewogener Durchschnitt

Die vorliegenden Einzelmengen werden mit dem dazugehörigen Einzelpreis multipliziert, dann werden die Einzelmengen sowie die Produkte addiert. Dividiert man die Summe der Produkte durch die Gesamtmenge, erhält man den gesuchten Mittelwert.

Definition

Produkt =
Ergebnis einer Multiplikation

Beispielaufgabe

Herr Grün bestellt für ein Betriebsfest mehrere Sorten erlesene Weine. 6 Flaschen der Sorte A zu je 6,80 €, 8 Flaschen der Sorte B zu je 8,15 €, 8 Flaschen der Sorte C zu je 9,80 € sowie 12 Flaschen der Sorte D zu je 12,40 €. Welchen Durchschnittspreis bezahlt er für eine Flasche Wein?

Lösung

Sorte A:	6 Flaschen	je	6,80 €	zus.	40,80 €
Sorte B:	8 Flaschen	je	8,15 €	zus.	65,20 €
Sorte C:	8 Flaschen	je	9,80 €	zus.	78,40 €
Sorte D:	12 Flaschen	je	12,40 €	zus.	148,80 €
	34 Flaschen				333,20 €
1 Flasche kostet 333,20 € : 34 =					**9,80 €**

Übungsaufgaben zu 6.2

1. Anlässlich einer Weihnachtsspendenaktion werden Sträuße verkauft: 40 Stück zu je 7,80 €, 48 Stück zu je 12,– €, 30 Stück zu je 18,– € und 28 Stück zu je 22,– €.
   Wie viel kostet durchschnittlich ein Strauß?
2. Für drei Filialen muss Miete bezahlt werden. Der Mietpreis für einen Quadratmeter beträgt für Filiale 1 (54 m^2) 12,– €, für Filiale 2 (62 m^2) 14,40 € und für Filiale 3 (38 m^2) 18,– €.
   Berechnen Sie den durchschnittlichen Quadratmeterpreis der gesamten Mietfläche.
3. Ein Blumenhändler fährt am 1. Tag 240 km in insgesamt 7 Stunden, am 2. Tag 310 km in 7,5 Stunden und am 3. Tag 296 km in 8 Stunden Arbeitszeit.
   Wie viel Kilometer fährt er an diesen drei Tagen zusammen durchschnittlich in einer Stunde (km/h)?

Vermischte Aufgaben

1. Frau Strauch kauft für ihre Balkonkästen 24 Pflanzen, und zwar von 6 Sorten jeweils 4 Stück. Der Preis für eine Pflanze von jeder Sorte beträgt 3,80 €, 3,85 €, 4,20 €, 4,50 €, 5,00 € und 5,50 €.
   Welchen Preis bezahlt Frau Strauch durchschnittlich für eine Balkonpflanze?

2. Die Blumenzentrale Grün kauft unterschiedliche Topfpflanzen auf Paletten:

5 Paletten Zimmerbambus	je 36,00 €
4 Paletten Topfrosen	je 24,00 €
4 Paletten Sukkulenten-Mix	je 27,20 €
6 Paletten Kalanchoe	je 20,00 €

Wie viel kostet durchschnittlich eine Palette?

3. Ein Orchideenbetrieb bringt 480 Cymbidien auf den Großmarkt. 175 Stück verkauft er zu je 27,– €, 125 Stück zu je 18,– €, 70 Stück zu je 19,20 € und den Rest für insgesamt 1430,– €.
Wie viel kostet im Durchschnitt eine Cymbidie?

4. Auf dem Großmarkt werden für Nelken folgende Preise erzielt:
1. Woche: 5600 Stück zu 3920,– €
2. Woche: 6400 Stück zu 4800,– €
3. Woche: 3200 Stück zu 2720,– €
4. Woche: 7100 Stück zu 4828,– €
Berechnen Sie den Durchschnittspreis einer Nelke.

5. In der ersten Oktoberwoche werden folgende Tagesdurchschnittstemperaturen gemessen: 1.10. 9,64 °C, 2.10. 8,82 °C, 3.10. 5,75 °C, 4.10. 5,8 °C, 5.10. 7,45 °C, 6.10. 8,44 °C und 7.10. 6,34 °C.
Wie hoch ist die durchschnittliche Tagestemperatur in dieser Woche?

6. Beim Eintopfen von Geranien schafft Veronika in 2 Stunden 450 Pflanzen, Gabi in 3 Stunden 810 Pflanzen, Elli in 3 Stunden 750 Pflanzen und Anja in 5 Stunden 1370 Pflanzen.
   a) Wie viel Geranien werden im Durchschnitt in einer Stunde eingetopft?
   b) Wie viel Geranien werden im Durchschnitt von einer Person in einer Stunde eingetopft?

7. Die verschiedenen Räume eines Betriebs weisen folgende Größen auf: Verkaufsraum 48 m², Büro $\frac{1}{4}$ der Verkaufsraumgröße und Aufenthaltsraum $\frac{1}{3}$ der Verkaufsraumgröße, Kühlraum 9 m² und Abstellraum die Hälfte der Kühlraumgröße.
Wie viel Quadratmeter beträgt die durchschnittliche Raumgröße?

8. Beim Ausliefern von Blumen kamen in einer Woche folgende Kilometer zusammen:
Montag: In 20 Min. 12,1 km, in 1 Std. 32 km, in 1,2 Std. 40,5 km.
Dienstag: In 25 Min. 8 km, in 20 Min. 10 km.
Mittwoch: In einer $\frac{3}{4}$ Std. 28 km.
Donnerstag: In 10 Min. 3 km, in einer $\frac{3}{4}$ Std. 22,5 km.
Freitag: In 1 Std. 35,5 km, in 50 Min. 30 km, in 15 Min. 9 km.
Samstag: In 1 Std. 35 km, in 10 Min. 5 km.
   a) Berechnen Sie die durchschnittlichen Tageskilometer in dieser Woche.
   b) Berechnen Sie die gefahrene Durchschnittsgeschwindigkeit (km/h) in dieser Woche.

! Merksätze

- Durchschnittswerte sind Mittelwerte verschiedener Größen.
- Beim einfachen Durchschnitt wird der Durchschnittswert aus mehreren Größen einer Art errechnet.
- Beim gewogenen Durchschnitt ermittelt man den Durchschnittswert aus den Produkten von jeweils verschiedenen Größen.
- In der Praxis wird Durchschnittsrechnen angewandt, um z. B. den Tagesdurchschnitt von Kunden oder Einnahmen einer Woche zu errechnen. Mit Computerkassen sind diese Werte jederzeit abrufbar.
- Durchschnittswerte spielen in der Statistik eine große Rolle.

7 Mischungsrechnen

▶ Die Kontrolle des Lagerguts gehört auch im Floristikgeschäft zu den regelmäßigen Arbeiten. Bevor neue Ware für die Advents- und Weihnachtssaison eintrifft, räumt Floristin Veronika den alten Bestand. Verschiedene Kleinartikel gibt sie in einen großen Korb; jeder Artikel wird zu einem einheitlichen Preis angeboten. Werbewirksam wird dieser Korb auf Griffhöhe neben der Kasse platziert.

7.1 Mischung von zwei Sorten

Beispielaufgabe

In der Adventszeit wird Christbaumschmuck vom Vorjahr zum Einheitspreis verkauft. Zwei Sorten blieben übrig. Sorte 1 kostet 3,20 €, Sorte 2 kostet 1,80 €. Von der Sorte 1 sind 120 Stück übrig.
Wie viel Stück der Sorte 2 müssen verkauft werden, um einen einheitlichen Preis von 2,20 € verlangen zu können?

Lösung

Sorte 1	3,20 €	– 100
Mischung	**2,20** €	
Sorte 2	1,80 €	+ 40

Teile	Mischung		
5	2	120 Stück	(s. oben)
2	5	**300 Stück**	$\left(\frac{120 \cdot 5}{2}\right)$
	7 Teile	420 Stück	
	1 Teil	60 Stück	

Probe:

300 Stück · 1,80 € = 540,– €
120 Stück · 3,20 € = 384,– €
420 Stück 924,– €
924,– € : 420 Stück = 2,20 €

Lösungshinweis

- Schreiben Sie den Mischungspreis zwischen die beiden Sorten.
- Stellen Sie den Preisverlust und Preisgewinn (in Cent) zwischen Sorte und Mischung fest.
- Stellen Sie durch Kürzen der Preisdifferenz die Anteile (Teile) fest.
- Durch Kreuzen der Teile entsteht das Mischungsverhältnis der Sorten.
- Machen Sie die Probe.

Definition

Mischen bedeutet Zusammenfügen ungleicher Teile zu einem neuen Ganzen.

Übungsaufgaben zu 7.1

1. Herr Grün lässt Balkonblumenerde mischen. Dazu verwendet er Fasersubstrat zu 57,– € je m^3 und Komposterde zu 112,– € je m^3. In welchem Verhältnis muss das Fasersubstrat mit Erde gemischt werden, damit ein Kubikmeter Blumenerde für 87,– € verkauft werden kann?
2. Eine Mischung Einheitserde bester Qualität soll für 97,– € je m^3 verkauft werden. Herr Grün bezahlt für einen Kubikmeter torffreies Substrat 57,– € und für Humus 121,– €.
   Berechnen Sie das Mischungsverhältnis.
3. Ein Händler mischt Hornmehl zum Kilopreis von 3,– € mit Mineraldünger zum Kilopreis von 1,70 € Einkaufspreis.
   In welchem Verhältnis werden beide Sorten gemischt, damit für diese Mischung einschließlich eines Gewinns von 14 % ein Kilopreis von 2,99 € entsteht?
4. Als Sonderaktion wird im „Floramarkt und Gartencenter Schönbaum OHG" im Herbst Streufutter für Vögel angeboten. Es wird aus schwarzen und weißen Sonnenblumenkernen gemischt. Ein Kilo der weißen Kerne kostet 2,10 €, ein Kilo der schwarzen Kerne 1,30 €.
   a) In welchem Verhältnis muss gemischt werden, wenn ein Kilo 1,90 € kosten soll?
   b) Von den schwarzen Sonnenblumenkernen sind noch 54 kg vorrätig. Wie viel Kilogramm der weißen Kerne müssen beigemischt werden, um diesen Mischungspreis halten zu können?
5. Wie viel Liter Wasser muss man 100 Liter 60-prozentigem Alkohol zusetzen, um 40-prozentigen Alkohol zu bekommen?
6. 100 Liter 50-prozentige Brennnesselbrühe soll zu einer Brühe von 10 % verdünnt werden?
   Wie viel Liter Wasser muss zugesetzt werden?
7. Eine 0,5-prozentige Düngerlösung soll mit einer 0,2-prozentigen Düngerlösung zu einer 0,3-prozentigen Lösung gemischt werden.
   a) Berechnen Sie das Mischungsverhältnis.
   b) Von der 0,5-prozentigen Düngerlösung sind 150 Liter vorhanden. Wie viel Liter der 0,3-prozentigen Düngerlösung müssen zugesetzt werden?

Zusatzinformation

zur Aufgabe 6
1 kg frisches Brennnesselkraut wird grob zerkleinert in einen Eimer mit 10 l Wasser gegeben. Nach 12 Stunden wird die Brühe abgeseiht und kann über Pflanzen im Freiland gegossen oder gesprüht werden. Brennnesselbrühe wirkt gegen Blattläuse aller Art.

7.2 Mischung von drei Sorten

Beispielaufgabe

Drei Sorten Christbaumschmuck wurden ursprünglich zum Stückpreis von 3,20 €, 1,70 € und 4,70 € verkauft. Kurz vor Weihnachten wird der Schmuck als Mischung in der Papiertüte mit Sichtfenster angeboten.
In welchem Verhältnis müssen die drei Sorten gemischt werden, um einen Stückpreis von 3,50 € zu erzielen?

Lösung

Sorte 3	4,70 €	– 120
Mischung	3,50 €	
Sorte 1	3,20 €	+ 30
Sorte 2	1,70 €	+ 180

Teile Mischung

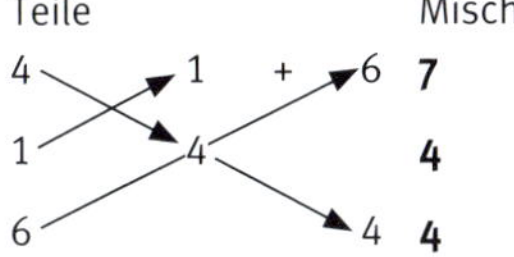

7
4
4

Probe:

Sorte 1:	4 Teile · 3,20 € =	12,80 €
Sorte 2:	4 Teile · 1,70 € =	6,80 €
Sorte 3:	7 Teile · 4,70 € =	32,90 €
	15 Teile	52,50 €
		52,50 € : 15 Teile = **3,50 €**

Lösungshinweis

- Ordnen Sie die Sorten und den Mischungspreis nach steigender oder fallender Größe.
- Stellen Sie die Preisdifferenz zum Mischungspreis fest.
- Kürzen Sie die Differenzbeträge (Anteile).
- Mischen Sie die überwertige Sorte (hier Sorte 3) mit den beiden unterwertigen Sorten.
- Machen Sie die Probe.

Übungsaufgaben zu 7.2

1. Im „Floramarkt und Gartencenter Schönbaum OHG“ wird Vogelfutter aus drei verschiedenen Sorten gemischt und als Sonderaktion verkauft. Sonnenblumenkerne zu 2,20 €, Hirse zu 4,20 € und Hanfsamen zu 6,20 € je kg sollen zu einer Kilo-Mischung von 4,80 € verpackt werden.
   a) In welchem Verhältnis werden die drei Sorten gemischt?
   b) Wie viel Kilogramm Sonnenblumenkerne und Hanfsamen sind nötig, wenn von der Hirse noch 49 kg vorrätig sind?
   c) Wie viel 750-g-Tüten können gefüllt werden und wie viel kostet dann eine Tüte?

Merksätze

- „Mischen" bedeutet Zusammenfügen mehrerer Teile zu einem neuen Ganzen.
- Mischungsaufgaben werden mit Hilfe des Mischungskreuzes gelöst:
  - Beim Mischen von 2 Sorten werden die Anteile der beiden Sorten gekreuzt.
  - Beim Mischen von 3 Sorten wird immer die überwertige Sorte mit den beiden unterwertigen Sorten über Kreuz gemischt.

2. Für eine Spendenaktion binden Auszubildende runde Sträuße. Es werden Blüten von drei Preisgruppen verwendet: Der Stückpreis von Preisgruppe 1 beträgt 1,60 €, von Preisgruppe 2 1,00 € und von Preisgruppe 3 0,90 €. Eine Blüte soll zu einem Einheitspreis von 1,20 € verkauft werden.

a) Berechnen Sie das Mischungsverhältnis der Blüten für einen Strauß.

b) Ein Drittel des Umsatzes wird für Geschäftskosten einbehalten. Wie hoch ist die Spende, wenn 150 Sträuße verkauft werden?

3. Herr Grün macht mit seiner Frau am Valentinstag eine Werbefahrt mit der Pferdekutsche durch die Stadt. Dabei verteilt er Blumen und Bonbons. Die Bonbons lässt er vom Kaufmann mischen. Dafür werden drei verschiedene Sorten verwendet: Zitronenbonbons zu 12,50 € je kg, Himbeerbonbons zu 8,30 € je kg und Kirschbonbons zu 6,80 € je kg.

Berechnen Sie den Mischungsanteil der drei Sorten, wenn 1 kg der Mischung 8,80 € kosten soll.

4. Ein Auszubildender mischt Blumenerde:

Anteil 1	5,70 € / 10 kg
Anteil 2	6,60 € / 10 kg
Anteil 3	8,30 € / 10 kg

a) Die Substratmischung soll im Verkauf 7,50 Euro je 10 kg kosten. Berechnen Sie die einzelnen Anteile und machen Sie die Probe.

b) Von Anteil 2 sind noch 12 kg vorhanden. Berechnen Sie im Verhältnis dazu die Menge von Anteil 3.

5. Auf einem Kanister Universal-Blumendünger ist folgendes Mischungsverhältnis notiert:

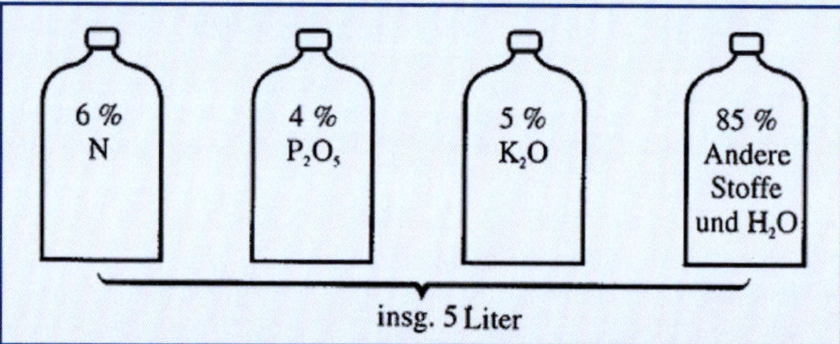

Berechnen Sie die Anteile in ml für 5 Liter Blumendünger.

Hinweis: Diese Aufgabe kann ohne Mischungskreuz gelöst werden – sie leitet zum nächsten Kapitel über.

8 Verteilungsrechnen

▶ Von insgesamt 36 Stängeln für einen Strauß mit frischer, freundlicher Ausstrahlung wählt Nela die Farben Gelb, Orange, Blauviolett, Weiß und Grün und verteilt sie folgendermaßen: je $^1/_4$ gelbe und orangefarbene Blüten für eine sonnige Wirkung; als spannungsreicher Kontrast $^1/_6$ blauviolette Blüten und davon $^2/_3$ weiße Blüten sowie eine Mischung von insgesamt 8 Stängeln Blattwerk in helleren und dunkleren Grüntönen. Daraus ergibt sich folgende Farbverteilung:

Beim Verteilungsrechnen wird eine Gesamtgröße in einem vorgegebenen Verhältnis in mehrere Teilmengen zerlegt. Die Anteile können auf verschiedene Arten angegeben werden:

- in ganzen Zahlen (z. B. 3 Teile);
- in gebrochenen Zahlen (z. B. 0,75 oder $^3/_4$);
- in Relativzahlen (z. B. 1 : 4 oder 25 %).

Dezimalzahlen und Brüche können direkt in den Rechner eingegeben oder in ganzzahlige Verhältnisse umgewandelt und anschließend so weit wie möglich gekürzt werden.

Beispiele

Verteilungsschlüssel bei Dezimalzahlen

		Teile
6,3 = 63	gekürzt	7
4,5 = 45	gekürzt	5
9,0 = 90	gekürzt	10
		22 Teile

Verteilungsschlüssel bei Brüchen

		Teile
$^2/_5$	$= {}^8/_{20}$	8
$^1/_4$	$= {}^5/_{20}$	5
Rest	$= {}^7/_{20}$	7
		20 Teile

Beispielaufgabe

Aufgabe s. Einleitungstext

Lösungsvorschlag:

	Verteilungsschlüssel		
Gelb	$^1/_4$	von 36 =	**9 Stück**
Orange	$^1/_4$	von 36 =	**9 Stück**
Blauviolett	$^1/_6$	von 36 =	**6 Stück**
Weiß	$^2/_3$	von 6 =	**4 Stück**
Grüntöne	(geg.)		**8 Stück**
Probe:		insg.	36 Stück

Zusatzaufgabe:
Erstellen Sie zu dieser Lösung mit dem PC oder von Hand ein Kreisdiagramm.

Zusatzinformation

zur Aufgabe 1
Die ideale Kranzproportion im Goldenen Schnitt verhält sich wie 1 : 1,6 : 1; diese kann u. a. durch die Farbe des Kranzmaterials beeinflusst werden, weshalb sich die Verhältniszahl für die Kranzöffnung z. B. bei dunklem Bindegrün verkleinert.

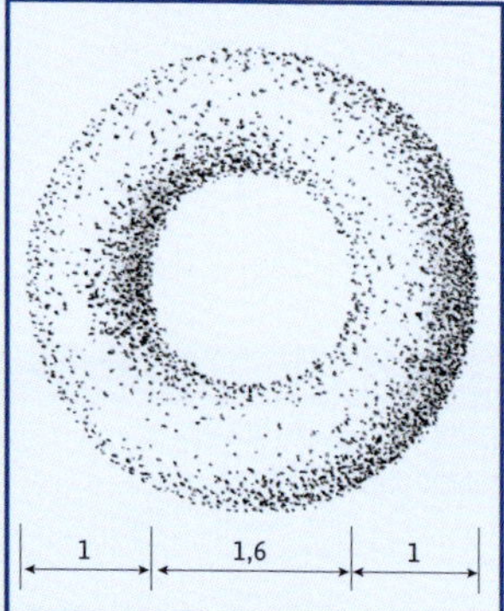

Abb. 7
Kranzform im Goldenen Schnitt

Übungsaufgaben: Verteilungsrechnen

1. Ein Kranz mit einem Durchmesser von 80 cm wird im Verhältnis 1 : 1,4 : 1 gearbeitet (Kranzwulst : Kranzöffnung : Kranzwulst).
   a) Wie breit ist die Kranzwulst?
   b) Welchen Durchmesser hat die Kranzöffnung (auf ganze Zentimeter runden)?
2. Die Kranzwulstbreite beträgt 28,5 cm. Der Kranz wurde im Proportionsverhältnis von 1 : 1,5 : 1 gearbeitet.
   a) Welchen Durchmesser hat die Kranzöffnung (gerundet)?
   b) Wie groß ist der gesamte Kranzdurchmesser (gerundet)?
3. Eine Prämie von 1000,– € soll zwischen den Arbeitskollegen im Verhältnis ihrer geleisteten Überstunden anlässlich einer großen Dekoration verteilt werden. Florist A hat 14 Überstunden, Florist B 16, Florist C 8, Florist D und E je 21 Überstunden.
   Wie viel Prämie erhält jeder Florist?
4. Sechs Floristinnen arbeiten an einer Dekoration. Die Lohnkosten von 4491,– € werden im Verhältnis zur Arbeitszeit aufgeteilt. Floristin A arbeitet an 6 Tagen je 8 Stunden, Floristin B an 6 Tagen je $8\frac{1}{3}$ Stunden, Floristin C an 5 Tagen je 9 Stunden, Floristin D an 4 Tagen je $9\frac{1}{4}$ Stunden, Floristin E an 5 Tagen je $8\frac{1}{2}$ Stunden und Floristin F an 3 Tagen je 9 Stunden.
   Wie viel Euro Lohn erhält jede Floristin?
5. Vier Blumenfachgeschäfte beziehen gemeinsam für 8000,– € Keramik: A bezahlt $\frac{1}{3}$, B $\frac{1}{4}$, C $\frac{1}{5}$ und D den Rest.
   Wie viel Euro muss jedes Blumenfachgeschäft bezahlen?
6. In einem Testament wird über ein Barvermögen wie folgt verfügt: Der überlebende Ehegatte erhält $\frac{1}{4}$, zwei verheiratete Kinder erhalten je $\frac{1}{5}$, ein unverheiratetes Kind erhält $\frac{3}{10}$ des Barvermögens und ein entfernter Verwandter soll 8765,– € erhalten.
   a) Wie viel Euro erhält jeder?
   b) Wie groß ist das gesamte Barvermögen?
7. Im „Floramarkt und Gartencenter Schönbaum OHG“ sind drei Gesellschafter mit einem Kapital von 48 000,– € beteiligt. Gesellschafter Schönbaum hat 48 % des Kapitals, Gesellschafter Lipp brachte 26 % und Gesellschafter Spengler den Rest ein.
   Wie hoch sind die Einlagen der Gesellschafter?
8. Eine Sorte Einheitserde besteht aus 40 % sterilem Untergrundlehm und 60 % Faser-Granulat-Mischung.
   Wie hoch sind die Anteile in kg bei einem Gesamtgewicht von 7,8 dt Einheitserde?
9. Vier Betriebe beziehen gemeinsam 500 Säcke Einheitserde. Betrieb A bekommt 120 Säcke, Betrieb B 140, Betrieb C 80 und D den Rest. Ein Sack Erde kostet 10,80 €. Die Frachtkosten von 420,– € werden anteilmäßig umgelegt.
   Wie viel Euro muss jeder Betrieb bezahlen?
10. Vier Freunde haben zusammen 1200 € im Lotto gewonnen. Dieser Betrag soll entsprechend dem Einsatz unter den Gewinnern verteilt werden. Wie viel € erhält jeder, wenn Guido 4,– €, Florian 3,– €, Uwe 2,– € und Claus 1,– € eingesetzt hat?

11. Ein Blumenfachgeschäft hat 4 Filialen. Die Jahresbetriebskosten der Filialen betragen 42 000,– €. Verteilen Sie die Betriebskosten entsprechend folgender Umsätze:
Filiale 1 = 260 000,– €
Filiale 2 = 390 000,– €
Filiale 3 = 180 000,– €
Filiale 4 = 190 000,– €
12. An einer OHG sind A mit 245 000,– €, B mit 310 000,– € und C mit 180 000,– € beteiligt. Von 121 029,– € Reingewinn erhält jeder 4 % seiner Kapitaleinlage, vom Rest je ein Drittel.
Wie hoch sind die neuen Einlagen der Gesellschafter, wenn die Gewinnanteile den ursprünglichen Einlagen zugeschrieben werden, jedoch A 15 312,– €, B 20 119,– € und C 11 310,– € einbehalten?
13. Fünf Floristikbetriebe betreuen zusammen die Blumenausstellungen während der Landesgartenschau. Die Abrechnung der Lohnkosten von 39 000,– € erfolgt anteilmäßig nach der geleisteten Arbeit. Betrieb A stellt einen Floristen 50 Tage zur Verfügung, Betrieb B 2 Floristinnen jeweils 9 Tage, Betrieb C 4 Floristen jeweils 9 Tage, Betrieb D 2 Floristinnen jeweils 18 Tage und Betrieb E 4 Floristinnen jeweils 5 Tage. Betrieb A bekommt für seine organisatorische Tätigkeit vorab 3000,– €.
Wie hoch sind die Lohnanteile der einzelnen Betriebe?
14. Der Jahresgewinn eines Blumenfachgeschäfts soll unter die Teilhaber Sieger, Huber und Mahr im Verhältnis 5,2 : 4,4 : 6,2 verteilt werden.
Wie viel Euro erhält jeder bei einem Jahresgewinn von 79 000,– €?
15. Nach einer Geschäftsaufgabe wird ein Teil des Vermögen, das sind 15 500,– €, als Abfindung unter den Arbeitnehmern verteilt. A erhält 2600,– € mehr als C und B 900,– € weniger als C. Wie viel € erhält jeder Arbeitnehmer ausbezahlt?
16. Vier Freunde kaufen ein Wiesengrundstück. Guido gibt doppelt so viel aus wie Florian, Uwe 2000,– € mehr als Claus. Claus, der 1000,– € weniger als Guido bezahlt, gibt für das Grundstück 500,– €.
a) Wie viel Euro bezahlen Guido, Florian und Uwe?
b) Wie viel kostet das ganze Grundstück?
17. Drei Floristen sind an einem Blumengeschäft beteiligt. Lohr mit 8000,– € mehr als Maas und Gerber mit 3000,– € weniger als Maas. Die Einlage beträgt insgesamt 200 000 €. Der Gewinn von 82 000,– € wird nach Kapitalanteilen aufgeteilt.
a) Mit wie viel Euro ist jeder beteiligt?
b) Wie hoch sind die Gewinnanteile?
18. Das Preisgeld eines Wettbewerbs von 5400,– € wird unter dem Teilnehmerteam seiner Leistung entsprechend aufgeteilt. Der Hauptakteur bekommt 4 Teile, die Helfer 1,5 und 0,5 Teile.
Wie viel Euro bekommt jede Person?

Merksätze

- Das Verteilungsrechnen wird dann angewandt, wenn eine Gesamtmenge mit Hilfe von Verhältniszahlen in Teilmengen zerlegt wird. Beispiele sind das Verhältnis von Kranzwulst zu Kranzöffnung, die Verteilung einer Prämie unter Arbeitskollegen oder die Verteilung einer gemeinsamen Bestellung unter mehreren Betrieben.
- Durch Erweitern werden gebrochene Verhältniszahlen in ganzzahlige Anteile umgewandelt und anschließend so weit wie möglich gekürzt.
- Die einzelnen Anteile werden addiert und die Gesamtmenge durch die Summe der Anteile dividiert. Die entstandene Teilmenge wird mit den einzelnen Anteilen multipliziert.
- Beim Lösen der Aufgaben sollte man ein einheitliches und übersichtliches Lösungsschema beibehalten.

9 Prozentrechnen und Promillerechnen

▶ Die Bedürfnisse der Verbraucher ändern sich stetig – auch auf dem Blumen- und Pflanzensektor. Resultate von jährlichen Umfragen über beispielsweise die beliebtesten Schnittblumen, Zimmerpflanzen oder Balkonblumen sind daher wertvolle Grundlagen für Wirtschaftsdaten in der grünen Branche. Sie werden häufig in Prozent oder auch Promille ausgedrückt und üblicherweise in einer Grafik veranschaulicht.

Abb. 8 Die beliebtesten blühenden Zimmerpflanzen
Quelle: AMI (s. Grafik)

Hinweis
Internet-Adressen zu statistischen Zahlenwerten für Blumen, Pflanzen und Garten finden Sie in der Einleitung zum Abschnitt 6/Durchschnittsrechnen.

Die **Prozentrechnung** ist eine Vergleichsrechnung, bei der sich die Verhältniszahl auf **100** (das Ganze) bezieht. Man schreibt das Zeichen %. So bedeutet z. B. 3 % drei *von Hundert* (lat. per centum).

Bezieht sich die Verhältniszahl auf **1000**, heißt die Rechenart **Promillerechnung**, das Zeichen dazu ist ‰. 3 ‰ bedeutet daher drei *von Tausend* (lat. per mille). Die Promillerechnung wird nach den Regeln der Prozentrechnung durchgeführt, der Lösungsweg wird deshalb nicht gesondert aufgezeigt.

9.1 Bezeichnung der Größen – Formeln – bequeme Teiler

Man unterscheidet drei Größen:
- **Prozentwert** (Anteil des Grundwerts, z. B. 5,– €)
- **Prozentsatz** (Anteil des Grundwerts in %, z. B. 5 %)
- **Grundwert** (Das Ganze)

Sind von diesen Größen zwei gegeben, kann die dritte Größe errechnet werden.

Die Prozentrechnung ist eine Dreisatzrechnung. Man verwendet dafür die Formel

$$\text{Prozentwert} = \frac{\text{Grundwert} \cdot \text{Prozentsatz}}{100}$$

Durch Umstellen der Formel können die anderen Werte berechnet werden:

$$\text{Prozentsatz} = \frac{\text{Prozentwert} \cdot 100}{\text{Grundwert}}$$

$$\text{Grundwert} = \frac{\text{Prozentwert} \cdot 100}{\text{Prozentsatz}}$$

Manche Prozentsätze können durch gemeine Brüche (sog. bequeme Teiler) mit gleichem Wert ersetzt werden, was beim Kopfrechnen vorteilhaft ist. Prägen Sie sich die Prozentsätze und den dazugehörigen gleichwertigen Bruch ein:

1 %	≙	$\frac{1}{100}$	$8\frac{1}{3}$ %	≙	$\frac{1}{12}$	25 %	≙	$\frac{1}{4}$
2 %	≙	$\frac{1}{50}$	10 %	≙	$\frac{1}{10}$	$33\frac{1}{3}$ %	≙	$\frac{1}{3}$
$3\frac{1}{3}$ %	≙	$\frac{1}{30}$	$12\frac{1}{2}$ %	≙	$\frac{1}{8}$	50 %	≙	$\frac{1}{2}$
5 %	≙	$\frac{1}{20}$	$16\frac{2}{3}$ %	≙	$\frac{1}{6}$	$66\frac{2}{3}$ %	≙	$\frac{2}{3}$
$6\frac{2}{3}$ %	≙	$\frac{1}{15}$	20 %	≙	$\frac{1}{5}$	75 %	≙	$\frac{3}{4}$

9.2 Berechnen des Prozentwerts

Beispielaufgabe

Ein Wandregal, das im Vorjahr 745,– € kostete, wurde um 9 % im Preis heraufgesetzt.
Wie viel Euro beträgt die Preiserhöhung?

Lösung

Grundwert 745,– €
Prozentsatz 9 %
Prozentwert x €

$$x = \frac{745\,€ \cdot 9\,\%}{100\,\%}$$

x = **67,05 €**

Lösungshinweis

- Schreiben Sie den Lösungsweg dieser Beispielaufgabe ausführlich in drei Sätzen (Dreisatzrechnung).
- Lösen Sie diese Beispielaufgabe mit der %-Taste des Taschenrechners.
- Vereinfachter Lösungsweg: 745 € · 0,9 = 67,05 €

Übungsaufgaben zu 9.2

1. Im „Flormarkt Roth“ wurden im vorigen Jahr 638 540,– € umgesetzt. Dieses Jahr beträgt die Umsatzsteigerung 5 %. Um wie viel Euro hat sich der Umsatz erhöht?
2. Ein Betrieb beschäftigt vier Floristinnen für umsatzstarke Zeiten. Ihr durchschnittliches Monatsgehalt betrug bisher 1260,– €, 1180,– €, 980,– € und 550,– €. Vom nächsten Monat an erhalten sie 3,5 % Aufbesserung. Berechnen Sie die neuen Monatsgehälter.
3. Drei Floristen eines Blumenfachgeschäfts erhalten $12\frac{1}{2}$ ‰ Umsatzbeteiligung, und zwar von dem Betrag, der den Umsatz von 4000,– € übersteigt. Die Abrechnung erfolgt vierteljährlich. Folgende Umsätze wurden dabei notiert:

	Oktober	November	Dezember
Florist A	5200,– €	5310,– €	6450,– €
Florist B	4900,– €	5480,– €	7100,– €
Florist C	4950,– €	5100,– €	5900,– €

Definition

zur Aufgabe 3
Umsatzbeteiligung = Umsatzprovision.
Art der Entlohnung, die nach Prozenten des Umsatzes berechnet wird.

9.3 Berechnen des Prozentsatzes

Beispielaufgabe

Der Verkaufspreis einer exklusiven Keramikschale wird um 5,70 € erhöht. Wie viel Prozent beträgt die Preissteigerung, wenn die Schale vorher 142,50 € kostete?

Lösung

Prozentwert 5,70 €
Grundwert 142,50 €
Prozentsatz x %

$$x = \frac{5{,}70\,€ \cdot 100\,\%}{142{,}50\,€}$$

x = **4 %**

Lösungshinweis

Schreiben Sie den Lösungsweg ausführlich in drei Sätzen.

Übungsaufgaben zu 9.3

1. Wie viel Prozent seines Umsatzes beträgt die ausbezahlte Provision eines Vertreters?

Umsatz	Provision
a) 26 350 €	2503,25 €
b) 17 298 €	2075,76 €
c) 19 218 €	960,90 €
d) 8 360 €	501,60 €

2. Die Blumenzentrale Grün verkauft Keramikartikel zu ermäßigten Preisen. Die Preisgruppe I (35,90 €) wird um 8,98 € ermäßigt, die Preisgruppe II (28,80 €) um 6,34 €, die Preisgruppe III (15,90 €) um 1,91 € und die Preisgruppe IV (9,80 €) um 0,78 €.
   Berechnen Sie die prozentuale Preisermäßigung.
3. Herr Grün bezahlt für sein Lager 256,20 € Versicherungsprämie; das Lager ist mit 85 400 € versichert.
   Berechnen Sie den Promillesatz der Versicherungsprämie.

Definition

zur Aufgabe 3
Versicherungsprämie = Versicherungsbeitrag.

9.4 Berechnen des Grundwerts

Beispielaufgabe

Wie hoch war der Preis einer Bodenvase, wenn sie als Sonderartikel um 15 % ermäßigt, das sind 36,60 €, verkauft wird?

Lösung

Prozentwert 36,60 €
Prozentsatz 15 %
Grundwert x €

$$x = \frac{36{,}60\ € \cdot 100\ \%}{15\ \%}$$

x = **244,– €**

Lösungshinweis
Schreiben Sie den Lösungsweg ausführlich in drei Sätzen.

Übungsaufgaben zu 9.4

1. Beim Umbau der Blumenzentrale Grün wurde der Kostenvoranschlag des Architekten durch Sonderwünsche des Bauherrn um 12,5 % überschritten.
   Herr Grün bezahlt jetzt für die Renovierung 14 562,50 € mehr.
   a) Wie hoch war der Kostenvoranschlag?
   b) Wie hoch sind die tatsächlichen Umbaukosten?
2. Die Firma Toner vertreibt für die Keramikwerkstatt Joas Keramikwaren auf Provisionsbasis. Die Provision beträgt 20 %. In den letzten drei Monaten betrug die Provision 309,80 €, 218,20 € und 298,15 €. Wie hoch waren die durchschnittlichen Monatsumsätze im letzten Vierteljahr?
3. Zur Herstellung eines Spritzmittels mit einer Konzentration von 0,3 ‰ stehen 36 ml eines Insektizids zur Verfügung.
   Wie viel Liter Spritzbrühe können daraus hergestellt werden?

Definition

zur Aufgabe 3
Nach ihrer (abtötenden) Wirkung werden Pflanzenschutzmittel eingeteilt in

Insektizid	Insekten-tötend
Herbizid	Unkräuter-tötend
Fungizid	Pilz-tötend
Aphizid	Blattläuse-tötend
Akarizid	Milben-tötend
Bakterizid	Bakterien-tötend
Nematizid	Nematoden-tötend
Molluskizid	Schnecken-tötend

9.5 Prozentrechnen vom vermehrten und verminderten Grundwert

9.5.1 Vermehrter Grundwert

Wird der Grundwert erweitert (z. B. durch Umsatzsteuer, Preissteigerung, Provision) ist er **größer als 100**. Man rechnet dann vom vermehrten Grundwert (Prozentrechnen **auf 100**).

Beispiel

Vermehrter Grundwert	= Grundwert	+ Prozentwert
z. B. 138,– €	= 120,– €	+ 18,– €
115 %	= 100 %	+ 15 %

Beispielaufgabe

Eine kostbare Pflanze kostet nach einem Preisaufschlag von 12 % 123,20 €.
Um wie viel Euro wurde die Pflanze teurer und wie hoch war der ursprüngliche Preis?

Lösung

Vermehrter Grundwert (112 %) = 123,20 €
Prozentsatz = 12 %
Prozentwert = x €

$$x = \frac{123{,}20\text{ €} \cdot 12\ \%}{112\ \%}$$

x = **13,20 €** (Preissteigerung)

123,20 € – 13,20 € = **110,– €** (ursprünglicher Preis)

Übungsaufgaben zu 9.5.1

1. Herr Grün verkauft exquisite Gefäße mit einem Aufschlag von 125 %. Der Verkaufspreis dieser Gefäße beträgt insgesamt 12 600,– €. Wie hoch war der Einkaufspreis?
2. Für eine Dekoration wurden auf die Materialkosten 62 % für die Arbeitszeit aufgeschlagen. Der Kunde zahlt insgesamt 9720,– €. Wie viel Euro wurde für das Material verrechnet?
3. Die bisherige Versicherungsprämie wurde von 3,5 ‰ auf 4 ‰ erhöht und beträgt jetzt 125,50 €.
   Wie viel Prämie musste vor der Erhöhung bezahlt werden?

9.5.2 Verminderter Grundwert

Wird der Grundwert durch Nachlässe (z. B. Rabatt, Skonto) verringert, so ist er **kleiner als 100**. Man rechnet dann vom verminderten Grundwert (Prozentrechnen **im 100**).

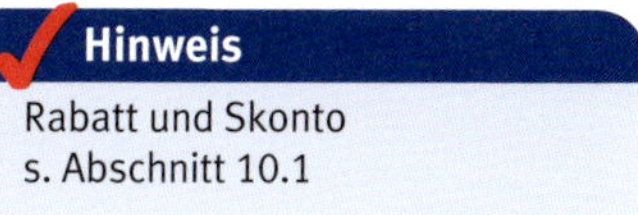

Rabatt und Skonto
s. Abschnitt 10.1

Beispiel

Verminderter Grundwert	= Grundwert	– Prozentwert
z. B. 196,80 €	= 246,– €	– 49,20 €
80 %	= 100 %	– 20 %

Beispielaufgabe

Bei einem Räumungsverkauf wird eine edle Pflanze mit 30 % Nachlass für 157,50 € verkauft.
Wie viel Euro beträgt der Preisnachlass und wie viel kostete die Pflanze vorher?

Lösung

Verminderter Grundwert (70 %)	= 157,50 €
Prozentsatz	= 30 %
Prozentwert	= x €

$$x = \frac{157{,}50\,€ \cdot 30\,\%}{70\,\%}$$

x = **67,50 €** (Preisnachlass)

157,50 € + 67,50 € = **225,– €** (ursprünglicher Preis)

Übungsaufgaben zu 9.5.2

1. Eine Floristin erhält für Einkäufe des eigenen Bedarfs in ihrem Betrieb 12 % Personalrabatt auf alle Waren.
   Wie hoch ist jeweils der Verkaufspreis, wenn sie folgende Preise bezahlt: Strukturstrauß 52,36 €, Steckunterlagen 77,44 €, Glasvase 37,66 €, Outdoor-Gefäß 105,51 €?
2. Kurz vor Weihnachten verkauft Herr Grün Restbestände von Kerzen modischer Farben mit einem Preisnachlass von 15 %.
   Wie viel Euro kosteten die Kerzen vorher, wenn jetzt folgende Preise gelten:
   Kugelkerzen violett zu je 3,23 €; Studiokerzen pink zu je 2,55 €; Stabkerzen apricot zu je 2,04 € und Pyramidenkerzen violett zu je 4,42 €.
3. Herr Grün kauft als Sonderangebot Blumenseide. Eine Rolle kostet 69,– €. Der Preisnachlass beträgt 18 %.
   a) Wie viel kostete eine Rolle vor der Sonderaktion?
   b) Ab 4 Rollen ermäßigt sich der Preis für eine Rolle auf 65,– €. Wie viel Prozent beträgt jetzt der Preisnachlass?

Definition

zur Aufgabe 2
Hypothek, griech.: hypo = unter; Pfandrecht an einem Grundstück oder Wohneigentum zur Sicherung einer Geldforderung.

Vermischte Aufgaben

1. Berechnen Sie folgende Versicherungsprämien: Hauptgeschäftshaus 3‰ von 348 000,– €, Garage 4,5‰ von 35 000,– €, Filiale I 3,5‰ von 70 000,– € und Filiale II 3,5‰ von 89 000,– €.
2. Herr Scholl, Inhaber eines Blumenfachgeschäfts, muss eine Hypothek in Höhe von 54 000,– € begleichen. Er zahlt jährlich $2\frac{1}{4}$% Hypothekenzinsen.
   Wie hoch ist seine jährliche Zinsbelastung?
3. a) Rechnen Sie folgende Prozentsätze in Promillesätze um:
   5 %; 7,5 %; 3,1 %; 0,3 %; 0,02 %; $\frac{1}{6}$ %; $1\frac{1}{3}$%.
   b) Rechnen Sie folgende Promillesätze in Prozent um:
   25 ‰; 30 ‰; 38,5 ‰; 4 ‰; 0,2 ‰; $\frac{1}{8}$ ‰; $2\frac{3}{4}$ ‰.
4. Ein Bund Rosen kostet 15,20 €. Bei Abnahme von 10 Bund wird der Preis auf insgesamt 124,64 € herabgesetzt.
   Wie viel Prozent beträgt der Preisnachlass?
5. Der Preis für ein Notebook hat sich von 1948,– € auf 1831,12 € verringert.
   Berechnen Sie den Preisnachlass in Prozent.
6. Berechnen Sie folgende Preiserhöhungen in
   a) Prozent:
   429,00 € erhöht auf 441,87 €
   1022,50 € erhöht auf 1104,30 €
   982,20 € erhöht auf 1257,22 €
   b) Promille:
   724,00 € erhöht auf 752,96 €
   126,00 € erhöht auf 126,63 €
   1104,20 € erhöht auf 1128,29 €
7. Gezüchtete Arten von Tillandsien werden je nach Menge zu unterschiedlichen Preisen gehandelt.
   Berechnen Sie jeweils den Nachlass in Prozent:

	Einzelpreise ab 10 Stück	**ab 50 Stück**	**ab 100 Stück**
Tillandsia argentea	1,94 €	1,62 €	1,20 €
Tillandsia punktulata	4,50 €	3,69 €	2,80 €
Tillandsia seleriana	7,00 €	6,00 €	4,75 €

8. Die Monatsmiete für eine Filiale wird um 5 % erhöht und beträgt jetzt 3097,50 €.
   Berechnen Sie die Miete des Vorjahres.
9. Ein Betrieb entrichtet an das Finanzamt 54275,40 € Umsatzsteuer. Das sind 19 % des Umsatzes. Wie viel € beträgt der zu versteuernde Umsatz?
10. Der Prämiensatz für die Versicherung einer Filiale beträgt $2\frac{1}{4}$‰, das sind jährlich 166,95 €.
    Wie hoch ist der Versicherungswert?
11. In einem Berufsschulzentrum sind 63 Floristinnen gemeldet, das sind 3,5 % aller Schüler/-innen.
    Wie viele Schüler/-innen besuchen die Schule?

12. Nach einer Gehaltserhöhung von 4 % bekommt Ute 73,98 € mehr. Wie hoch ist ihr neues Gehalt?

13. Blumen sollen die Hochzeit stimmungsvoll schmücken. Die Ausgaben dafür sind sehr unterschiedlich. Eine betriebsinterne Statistik zeigt, dass etwa 12 % der Brautpaare bis 150 Euro ausgeben, 44 % bis 600 €, 32 % bis 1500 € und 8 % sind bereit, maximal 2200 € für ihren Hochzeitsschmuck zu bezahlen.
   a) Berechnen Sie jeweils die Anzahl der Brautpaare für die einzelnen Kostenbereiche bei insgesamt 75 Hochzeiten im Jahr.
   b) Die restlichen Paare entscheiden ohne vorherige Kostenbindung. Wie viele Paare in Prozent sind das?

14. Durch einen technischen Fehler im Kühlraum der Firma Grün können die darin gelagerten Schnittblumen nur mit einem Verlust von 28 % verkauft werden. Für diese Ware konnte Herr Grün noch insgesamt 2088,– € einnehmen. Wie hoch wäre der ursprüngliche Verkaufspreis gewesen?

15. Eine Umfrage innerhalb eines IHK-Bezirks ergab, dass 64 % der befragten Betriebsinhaber ausbilden, das sind 528 Ausbildungsbetriebe. Wie viele Betriebe nahmen an der Umfrage teil?

16. Im vergangenen Jahr wurden in Deutschland für 8,6 Milliarden Euro Blumen und Zierpflanzen verkauft. Der Schnittblumenanteil betrug 34 % und der Anteil blühender Zimmerpflanzen 12 %.
   a) Berechnen Sie die beiden Anteile in Euro.
   b) Berechnen Sie den Pro-Kopf-Verbrauch in Euro insgesamt bei einer Bevölkerungszahl von 82 800 000 und runden Sie den Betrag auf volle Euro auf.
   c) Visualisieren Sie die Angaben (Gesamtmenge und Anteile in Prozent) als Balkendiagramm. Beziehen Sie auch den restlichen Anteil in Prozent mit ein (sonstige Pflanzen, Gehölze und Blumenzwiebeln).

17. Die folgende Tabelle gibt Auskunft über die **Einfuhrwerte** von Schnittblumen einschließlich Schnittgrün nach Deutschland von ausgewählten Lieferländern in den vergangenen drei Jahren. Die Werte sind in **Millionen Euro** angegeben.
   Runden Sie die Ergebnisse in allen Teilaufgaben auf zwei Kommastellen.

Beispiel-Länder	*2015*	*2016*	*2017*
Niederlande	972,8	1011,9	1006,1
Kenia	46,3	46,9	45,3
Türkei	8,8	8,5	5,5
Kolumbien	3,4	2,7	2,8
Gesamtwert	1130,0	1174,0	1152,0

   a) Berechnen Sie den prozentualen Anteil dieser Beispiel-Länder aus dem Jahr 2017 im Vergleich zum Gesamtwert aller statistisch erfassten Lieferländer.
   b) Berechnen Sie den Prozentanteil Kolumbien im Vergleich zum Einfuhrwert der Niederlande in allen drei Vergleichsjahren.
   c) Berechnen Sie den prozentualen Rückgang der Einfuhr aus der Türkei im Jahr 2017 im Vergleich zum Vorjahr.

Abb. 9
Blumenauktionshalle/NL

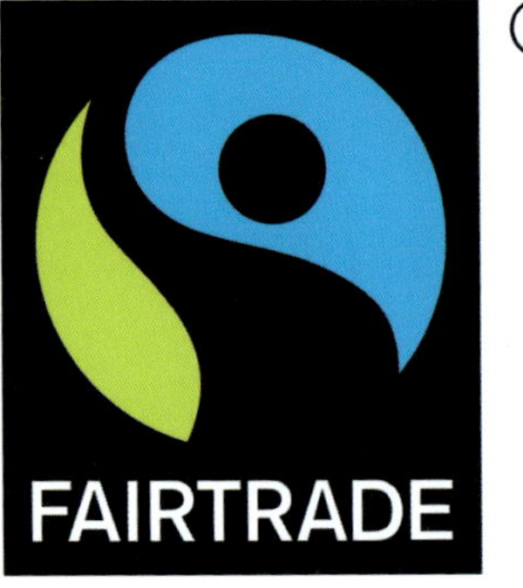

Abb. 10
Fairtrade-Siegel, vergeben von Trans-Fair e.V.

18. Auch Deutschland liefert Schnittblumen und Schnittgrün in andere Länder. In der Tabelle sind ausgewählte Empfangsländer aufgeführt; die einzelnen **Ausfuhrwerte** sind in **Millionen Euro** angegeben.

Beispiel-Länder	*2007*	*2017*
Niederlande	17,90	36,20
Großbritannien	1,20	12,50
Norwegen	3,03	0,02
Polen	3,70	1,50

Berechnen Sie für diese Länder jeweils die Steigerung bzw. den Rückgang der Ausfuhrwerte in Euro und Prozent im genannten 10-Jahres-Zeitraum.

19. Die größte Blumenauktionsgesellschaft in Holland bietet interessante Zahlen. Sie vertreibt 90 % des gesamten niederländischen Blumenhandels, das sind etwa 19 Millionen Schnittblumen und 2 Millionen Pflanzen täglich für 3500 Kunden auf einer Fläche von einer Million Quadratmetern.

a) Berechnen Sie den durchschnittlichen Prozentanteil von Schnittblumen und Pflanzen insgesamt je Kunde (2 Kommastellen).

b) Wie hoch ist die durchschnittliche Stückzahl der gehandelten Blumen und Pflanzen insgesamt auf einen Quadratmeter?

c) Wie viele Pflanzen werden in den Niederlanden insgesamt durchschnittlich gehandelt? Runden Sie das Ergebnis auf volle Hunderttausend auf.

20. Die höher werdenden Verkaufszahlen von zertifizierten Blumen und Pflanzen sind zugunsten von Mensch und Umwelt erfreulich.

a) Im vergangenen Jahr betrug der Absatz an Fairtrade-Blumen in Deutschland 406 Millionen Stiele, davon 383 Millionen Rosen. Wie hoch ist der Anteil sonstiger Pflanzen in Prozent?

b) Sieben Jahre davor wurden nur 80 Millionen Stiele zertifizierter Schnittblumen verkauft. Berechnen Sie den Zuwachs in Prozent.

21. Die Preise für Weihnachtsstern-Hochstämmchen sind von der Größe und Qualität abhängig. Die Preisspanne liegt zwischen 20,– € und 60,– €.
Berechnen Sie den Prozentanteil vom Höchstpreis für die Preise 20,– €, 35,– €, 46,80 € und 51,– €.

22. Eine Kranzbindemaschine hat zuerst um 12 % und dann noch einmal um 5 % aufgeschlagen. Fünf Jahre später wurde der Preis um 12,5 % reduziert und die Maschine um 823,20 € verkauft.
Zu welchem Preis wurde die Kranzbindemaschine ursprünglich angeboten?

23. Für eine Schaufensterversicherung über den Versicherungsbetrag von 12 700,– € wird jährlich 4,5 ‰ Prämie bezahlt.
Wie hoch ist die Versicherungsprämie?

24. Herr Grün kauft Pflanzen für 18 600,– € ein. Ein Drittel der Ware verkauft er mit 25 % Gewinn, die Hälfte der Ware mit 18 % Gewinn, den Rest muss er mit 12 % Verlust verkaufen.
Wie hoch ist der Gesamtertrag in Euro?

25. Herr Grün bestellt drei verschiedene Koniferenarten für die Kranzbinderei. Sorte I kostet 6,30 € je kg im Einkauf; es muss mit 35 % des Gewichts als Abfall gerechnet werden. Sorte II kostet 7,80 € je kg;

der Abfall macht 20 % des Gewichts aus. Sorte III kostet 9,20 € je kg; man rechnet hier mit 12 % des Gewichts als Abfall.
Berechnen Sie den Preis für 1 kg verwertbares Material je Sorte.

26. Berechnen Sie Tara und Bruttogewicht in kg.

	Nettogewicht	Tara
a)	1296,0 kg	$16\frac{2}{3}$ %
b)	1508,0 kg	$3\frac{1}{3}$ %
c)	665,0 kg	5 %
d)	892,8 kg	28 %

Anmerkung:
Tara = Gewicht der für den Versand einer Ware benötigten Verpackung (Verpackungsgewicht).
Nettogewicht = Gewicht der Ware ohne Verpackung.
Bruttogewicht = Gewicht der Ware einschließlich Verpackung.
Netto + Tara = Brutto (100 %)

Merksätze

- Das Prozentrechnen ist eine Vergleichsrechnung.
- Für die Prozentrechnung gilt das Zeichen % (Bezugszahl 100), für die Promillerechnung ‰ (Bezugszahl 1000).
- Durch Umstellen der Formel lassen sich die Größen „Prozentwert“, „Prozentsatz“ und „Grundwert“ errechnen, sofern zwei der drei Größen gegeben sind. Dies gilt ebenso für die Promillerechnung.
- Das Rechnen mit vermehrtem und vermindertem Grundwert ist eine Prozentrechnung im und auf Hundert.
- Bequeme Teiler an Stelle von Prozentsätzen erleichtern das Prozentrechnen im Verkauf.
- Anwendungsgebiete sind z. B. Preisabschläge, Preisaufschläge, statistische Vergleiche, Prämienrechnungen.

10 Prozentrechnen mit Rabatt, Skonto, Umsatzsteuer

▶ Feilschen die Kunden bei Ihnen um Preisnachlässe? Sie kennen das aus Ihrem eigenen Einkaufsverhalten? Inzwischen nimmt die Rabatt-Mentalität ziemlich große Ausmaße an: Billiger muss es sein! Was kann ich noch herausholen? Die Einzelhändler und Online-Händler kommen ihrerseits den Kunden durch Rabatte, Coupons, Skontogewährung, Nachlässe beim Saisonverkauf, bei Sonderveranstaltungen, Räumungsverkäufen und besonders bei Internet-Rabatt-Aktionen und Preisvergleichen entgegen und dabei gibt es keine Wertgrenzen – sie dürfen nur nicht wettbewerbswidrig sein. Schließlich dienen alle Nachlässe nur einem Ziel, der Verkaufsförderung.
Lesen Sie im Internet die Foren über die Preisgestaltung von Blumenschmuck zu Hochzeiten und machen Sie sich Gedanken über die Wertschätzung von Produkten.
Überlegen Sie, welche Art von Nachlässen Sie Ihren Kunden im Betrieb zukommen lassen würden.

10.1 Begriffserklärungen

● Rabatt

Es handelt sich um einen Preisnachlass (ital. rabatto) beim Kauf einer Ware. Die Prozentsätze können verschieden sein. Der Unternehmer kann die Höhe und die Art des Rabatts selbst festlegen. Rabatt ist immer warenbezogen.

Beispiele

Barzahlungsrabatt (s. auch Skonto), Mengenrabatt, Saisonrabatt, Treuerabatt, Mängelrabatt, Wiederverkäuferrabatt, Personalrabatt, Zugabe.

Im Vergleich zu Rabatt ist **Bonus** (lat.: bonus) ein Preisnachlass, der nachträglich vom Unternehmer für einen bestimmten Zeitraum gewährt wird, wenn gewisse Bedingungen eingetreten sind, wie z. B. das Erreichen eines bestimmten Mindestumsatzes (Umsatzbonus). Ebenso basiert **Cashback** auf dem Bonussystem, es ist eine Art Provision für Vermittler, die jedoch an Online-Nutzer für den Kauf von realen oder digitalen Produkten ausgeschüttet wird. Die Höhe des Geld-zurück-Prozentsatzes bestimmt der Online-Shop.

● Skonto

Abzug (ital. sconto); Preisabzug des Käufers, wenn der Rechnungsbetrag vor dem Fälligkeitstag beglichen wird. Die Höhe des Prozentsatzes legt der Unternehmer in seinen Zahlungsbedingungen fest. Ein eigenmächtiger Skontoabzug des Kunden ist nicht erlaubt.

Beispiel

Zahlungsbedingungen: Zahlbar rein netto innerhalb von 30 Tagen oder innerhalb von 10 Tagen mit 2 % Skonto.

● Umsatzsteuer

Die Umsatzsteuer wird nach dem Mehrwertsteuerprinzip erhoben. Demnach wird der Wertzuwachs (Mehrwert) von Gütern und Dienstleistungen bei jeder Zwischenstufe bis zum Endverbraucher versteuert.

Die Umsatzsteuer beträgt 19 %. Der ermäßigte Steuersatz von 7 % gilt z. B. für landwirtschaftliche Produkte, Gemüse, Lebensmittel, lebende Blumen und Blumenzwiebeln. Ein Blumenfachgeschäft als reines Ladengeschäft (reiner Gewerbebetrieb) besteuert Schnittblumen und frisches Bindematerial mit 7 %; für Keramik, Kerzen, Blumenerde, Produkte der Pflanzenzucht, Saatgut, Düngemittel und andere Zusatzartikel und sonstige Handelswaren und Dienstleistungen werden 19 % Umsatzsteuer verrechnet. Ein Gesteck wird mit 7 % Umsatzsteuer verrechnet, wenn der Wert der Schnittblumen über dem Wert des Gefäßes liegt und das Arrangement als Einheit verkauft wird.

In den einzelnen Aufgaben wird an Stelle von Prozentangaben nur der *volle* bzw. *ermäßigte Umsatzsteuersatz* genannt.

10.2 Rechenschema: Vorwärtsrechnung

Beim Rechnen mit Rabatt, Skonto und Umsatzsteuer spielt die Prozentrechnung eine besondere Rolle. Werden keine weiteren Angaben gemacht, wird für den Verkauf in folgender Reihenfolge gerechnet:

  Listenverkaufspreis (ohne Umsatzsteuer)
– Rabatt

  Zielverkaufspreis
– Skonto

  Barverkaufspreis (Nettoverkaufspreis)
+ Umsatzsteuer

---

zu zahlender Betrag

Beispiel:

100 %		
– 10 %		
90 % →	100 %	
	– 2 %	
	98 % →	100 %
		+ 19 %
		119 %

Anmerkung: Der Endverbraucher (Kunde) zieht Skonto direkt vom Rechnungsbetrag ab; in diesem Fall ist die Umsatzsteuer anteilig im Abzug enthalten.

Beispielaufgabe

Herr Grün verkauft eine Zimmerpflanze mit Übertopf an einen treuen Kunden. Die Pflanze kostet einschließlich Topf 285,– € (Listenpreis). Der Kunde erhält einen Treuerabatt von 10 % und 2 % Skonto. Herr Grün berechnet den Endpreis für den Kunden einschließlich Umsatzsteuer folgendermaßen:

Listenverkaufspreis (ohne Umsatzsteuer)	285,00 €	100 %		
– Rabatt 10 %	– 28,50 €	– 10 %		
Zielverkaufspreis	256,50 €	90 % →	100 %	
– Skonto 2 %	– 5,13 €		– 2 %	
Barverkaufspreis (Nettoverkaufspreis)	251,37 €		98 % →	100 %
+ Umsatzsteuer 7 %	17,60 €			7 %
zu zahlender Betrag	268,97 €			107 %
= Bruttoverkaufspreis, gerundet	**269,00 €**			

Übungsaufgabe zu 10.2

Eine Sendung Keramik kostet 1352,– €.
Da es sich um 2.-Wahl-Ware handelt, wird der Preis um 15 % reduziert; außerdem wird ein Skontoabzug von 2 % eingeräumt. Hinzu kommt die Umsatzsteuer.
Daneben wird eine Ware ähnlicher Qualität angeboten. Sie kostet 1180,– € zuzüglich Umsatzsteuer. Rabatt und Skonto werden nicht gewährt. Welches Angebot ist günstiger?

10.3 Rechenschema: Rückwärtsrechnung

Muss rückwärts gerechnet werden, gilt der Aufbau der Prozentangaben in umgekehrter Folge mit veränderten Vorzeichen. Es ist daher zweckmäßig, das Aufgabenschema zu erstellen und dann den Rechenweg von rückwärts aufzubauen (Prozentrechnen mit vermehrtem und vermindertem Grundwert).

Beispielaufgabe

Der Preis einer Ware wurde um 3 % Skonto vermindert und dann mit dem vollen Umsatzsteuersatz berechnet.
Wie hoch war der ursprüngliche Preis der Ware, wenn der Florist 602,54 € überwiesen hat?

Lösung

Zielverkaufspreis	100 % ↑		**522,– €** ↑
– Skonto 3 %	– 3 %		– 15,66 €
Barverkaufspreis	97 %	100 % ↑	506,34 €
+ Umsatzsteuer 19 %		+ 19 %	96,20 €
zu überweisender Betrag		119 %	602,54 €

Übungsaufgabe zu 10.3

Für ein Sonderangebot gemischter Trockenblumen bezahlte der Kunde 92,50 €. Er erhielt 8 % Rabatt auf den Listenverkaufspreis und bezahlte die volle Umsatzsteuer; der Zielverkaufspreis wurde um 2 % Skonto reduziert.
Berechnen Sie den Listenverkaufspreis (ohne Umsatzsteuer) mit allen Zwischenergebnissen.

Vermischte Aufgaben

1. Bei einem Einkauf auf dem Großmarkt muss sich Herr Grün zwischen Angebot A und B entscheiden:
   Angebot A: 1 Bund (25 Stück) wird für 14,50 € angeboten. Bei Abnahme ab 10 Bund bekommt er 15 % Rabatt und 3 % Skonto. Die Verpackungskosten für jeweils 10 Bund betragen 7,– €.
   Angebot B: 1 Bund (20 Stück) kostet 12,– €. Bei Abnahme von jeweils 10 Bund bekommt Herr Grün einen Bund gratis. Er kann bei Sofortzahlung 3 % Skonto nutzen.
   Welches Angebot ist günstiger beim Einkauf von jeweils 10 Bund? Die Umsatzsteuer wird hierbei nicht berücksichtigt.
2. Für ein Geschäftsfahrzeug werden auf den Listenpreis von 48 000,– € 18 % Rabatt und 3 % Skonto gewährt.
   Berechnen Sie den Barzahlungspreis einschließlich Umsatzsteuer (voller Umsatzsteuersatz).
3. Auf einen Listenpreis von 450,– € erhält die Floristin 12 % Rabatt und 2 % Skonto. Wie viel Euro beträgt der Gesamtnachlass und wie viel Prozent sind das vom Rechnungsbetrag?
4. Ein Lieferant gewährt 20 % Rabatt und 3 % Skonto. Wie hoch ist der Listenpreis der Ware, wenn der Skontobetrag 136,56 € beträgt?
5. Nach Abzug von 3 % Skonto wurden 1335,69 € überwiesen. Auf den Listenpreis wurden 15 % Rabatt gewährt. Berechnen Sie den Listenpreis.
6. Eine Sendung verschiedener Trockenfrüchte kostet 1260,– € (Listenpreis). Der Einkaufsrabatt ist 14 %.
   a) Wie lautet der Rechnungspreis?
   b) Berechnen Sie den Bareinkaufspreis nach Abzug von 2 % Skonto.
7. Beim Kauf einer Touchscreen-Computerkasse im Wert von 2380,– € bietet die Firma 2 % Skonto bei Sofortzahlung. Der Florist entschließt sich zu einer Ratenzahlung. Er macht eine Anzahlung von 180,– €; den Rest begleicht er in 12 Monatsraten mit einem Teilzahlungszuschlag von 1,8 %. Um wie viel Prozent (gerundet) liegt der Ratenpreis über dem Barzahlungspreis?
8. In der Blumenboutique Bingert soll der Büroraum mit Teppichboden neu ausgelegt werden. Frau Bingert erkundigte sich über die Teppichpreise und entscheidet sich für folgendes Angebot: 1 m^2 Teppichboden für 75,– € mit einem Rabatt von 10 % und 2 % Skonto. Durch eine außergewöhnlich hohe Auftragslage verzögert sich die

Merksätze

- „Rabatt" bedeutet Preisnachlass.
- „Skonto" ist ein Preisabzug des Käufers für vorzeitige Bezahlung.
- Durch die „Umsatzsteuer" wird der Mehrwert von Gütern und Dienstleistungen versteuert (7 % für Pflanzen, 19 % für z. B. Handelsware).
- Beim Rechnen mit Rabatt, Skonto und Umsatzsteuer wird die Prozentrechnung von, im und auf Hundert angewandt.
- Ein vorher aufgestelltes Lösungsschema erleichtert die Berechnung.
- Anwendungsgebiete dieser Rechenart sind z. B. Angebotsvergleiche unter Berücksichtigung von Rabatt, Skonto und Umsatzsteuer oder die Kalkulation.

Renovierung. Nach einem Dreivierteljahr ist der Preis für 1 m^2 um 8 % gestiegen, ein Nachlass kann nicht gewährt werden.

a) Um wie viel Prozent wurde der Teppichboden im Vergleich zum ursprünglichen Preis teurer?

b) Wie hoch ist die Mehrausgabe bei 18 m^2 Bodenfläche?

9. Ein Lieferant für Keramikwaren erhielt eine Mängelrüge und gewährt daraufhin dem Kunden 30 % Nachlass auf den Rechnungsbetrag. Berechnen Sie den ursprünglichen Rechnungsbetrag, wenn 995,40 € überwiesen wurden.

10. Für ein Frühjahrsfest werden 400 Primeln geliefert. Der Kunde erhält 5 % Rabatt, das sind 29,70 €, und bezahlt die ermäßigte Umsatzsteuer. Berechnen Sie den Rechnungsbetrag und Stückpreis der Primeln.

11 Zinsrechnen

▶ Als Auszubildende ist Ihr finanzieller Spielraum eher als gering einzustufen und doch sind Konsumwünsche in hohem Maße vorhanden – die Illusion der Werbung in unserer Konsumgesellschaft erreicht alle. Sie brauchen Geld? Die Zinsen sind momentan gering, Geld leihen relativ einfach und schnell gerät man in eine Werbefalle, weil scheinbare Schnäppchen wie z. B. ein neues Smartphone am Ende doch teuer sind. Sie sind verschuldet, wenn Ihre Ratenzahlungen geregelt sind und Ihr Lebensunterhalt gesichert ist. Geben Sie jedoch mehr Geld aus als Sie einnehmen, sind Sie überschuldet und es ist nicht einfach, die Schulden los zu werden. **Zins ist der Preis für geliehenes Geld,** weshalb zu jeder Tilgung zusätzlich Zinsen zurückbezahlt werden müssen.

Beispiele

Zinsen werden berechnet, wenn man
- von einem Bankinstitut Geld (Kapital) ausleiht;
- anderen zeitweise Geld überlässt;
- seine Rechnung zu spät bezahlt (Verzugszinsen);
- Geld anlegt (Guthabenzinsen).

Der Zinssatz sorgt dafür, dass ein Güter-Geld-Gleichgewicht entsteht; er ist deshalb vielen Schwankungen unterworfen. Falls vertraglich zwischen Darlehensgeber und Darlehensnehmer keine anderen Regelungen bestimmt wurden, gelten folgende gesetzlichen Vorschriften (Auszüge):

Info
Die Höhe der Zinsen wird in Prozent (%) angegeben und bezieht sich normalerweise auf **ein** Jahr.

§ 288 BGB
(1) *Eine Geldschuld ist während des Verzugs zu verzinsen. Der Verzugszinssatz beträgt für das Jahr fünf Prozentpunkte über dem Basiszinssatz.*
(2) *(...)*
(3) *Der Gläubiger kann aus einem anderen Rechtsgrund höhere Zinsen verlangen.*

Definition
BGB: Bürgerliches Gesetzbuch
HGB: Handelsgesetzbuch
Basiszinssatz: Dieser wird zweimal jährlich von der Europäischen Zentralbank neu festgelegt (1. Januar und 1. Juli) und ist der Tagespresse zu entnehmen.

§ 352 HGB
(1) *Die Höhe der gesetzlichen Zinsen, mit Ausnahme der Verzugszinsen, ist bei beiderseitigen Handelsgeschäften fünf vom Hundert für das Jahr. (...)*
(2) *Ist in diesem Gesetzbuch die Verpflichtung zur Zahlung von Zinsen ohne Bestimmung der Höhe ausgesprochen, so sind darunter Zinsen zu fünf vom Hundert für das Jahr zu verstehen.*
(Maßgebend für Vertragspartner, die Kaufleute im Sinne des HGB sind.)

11.1 Zinsfaktoren und Zinsformeln

Die **Zinsrechnung** ist eine angewandte Prozentrechnung, bei der zusätzlich der Zeitfaktor mit einbezogen wird.

• Man unterscheidet vier Faktoren:

K = **Kapital** (Grundwert in €)
p = **Zinssatz** (Zinsfuß in %)
Z = **Zins** (Zinsbetrag in €)
t = **Zeit** (Tag 1/360; Monat 1/12; Jahr 1/1)

Sind von diesen Faktoren drei bekannt, kann der vierte Faktor errechnet werden.

Info

Zinsbeispiele in Deutschland, Stand Juli 2018

Basiszinssatz (§ 247 BGB)	–0,88 %
Festgeld bis 5000 € 1 Mon.	0,00 %
Festgeld bis 5000 € 1 Jahr	0,17 %
Sparbrief 5 J.	0,55 %
Termingeld 3 Mon.	0,08 %
Dispositionskredit-Zins	8,43 %
Hypothekenzins (eff.) 10 J.	1,35 %

Allgemeine Zinsformel

$Z \cdot 100 \cdot 360 = K \cdot p \cdot t$

Die Formel ohne Bruchstrich kann einfach auf die gesuchte Größe umgestellt werden: Alle Größen, die auf der einen Seite der Gleichung nicht gebraucht werden, kommen auf die andere Seite unter den Bruchstrich. Daraus ergeben sich die einzelnen Berechnungsformeln:

Berechnen der Zinsen $Z = \frac{K \cdot p \cdot t}{100 \cdot 360}$

Berechnen des Kapitals $K = \frac{Z \cdot 100 \cdot 360}{p \cdot t}$

Berechnen des Zinssatzes $p = \frac{Z \cdot 100 \cdot 360}{K \cdot t}$

Berechnen der Zeit $t = \frac{Z \cdot 100 \cdot 360}{K \cdot p}$

Feststellen der Zinstage (Zeit)

Für das kaufmännische Zinsrechnen gilt:
1 Jahr = 360 Tage
1 Monat = 30 Tage
Ist der Fälligkeitstag der 28. oder 29. Februar, werden die Tage genau bis zu diesem Zeitpunkt berechnet.

Der erste Tag des Zeitabschnitts wird nicht mitgerechnet, der letzte Tag wird dazugezählt.

Beispiel

16. Januar d. J. bis 7. Juli d. J.

Januar	14 Tage
Februar bis Juni (5 · 30 Tage)	150 Tage
Juli	7 Tage
insgesamt	171 Tage

Berechnen Sie die Zinstage:

05. 02. d. J. bis 01. 07. d. J.	27. 01. d. J. bis 28. 02. n. J.
12. 06. d. J. bis 27. 04. n. J.	06. 11. d. J. bis 06. 10. n. J.
28. 02. d. J. bis 13. 12. d. J.	31. 05. d. J. bis Jahresende

11.2 Berechnen der Zinsen

Beispielaufgabe 1 (Zeit = Jahresangabe)

Erika entdeckt im Internet folgendes Angebot: Sparbrief über 5000 € für 4 Jahre angelegt; im ersten Jahr ist die Verzinsung 2,3 %, danach nur noch 1,2 %.

a) Wie viel Euro Zinsen bekommt sie nach dem ersten Jahr?
b) Wie viel Euro Zinsen bekommt sie nach Ablauf von vier Jahren, wenn die jährlichen Zinsen mitverzinst werden?

Lösung

a) K = 5000,– €
p = 2,3 %
t = 1 Jahr $\left(\frac{1}{1}\right)$

$$Z = \frac{5000 \cdot 2{,}3 \cdot 1}{100 \cdot 1}$$

Z = **115,– €**

b) *2. Jahr*
K = 5115,– €

$$Z = \frac{5115 \cdot 1{,}2 \cdot 1}{100 \cdot 1}$$

Z = 61,38 €

3. Jahr
K = 5176,38 €

$$Z = \frac{5176{,}38 \cdot 1{,}2 \cdot 1}{100 \cdot 1}$$

Z = 62,12 €

4. Jahr
K = 5238,50 €

$$Z = \frac{5238{,}50 \cdot 1{,}2 \cdot 1}{100 \cdot 1}$$

Z = 62,86 €

Zinsen insgesamt:
115,00 €
61,38 €
62,12 €
62,86 €
301,36 €

Beispielaufgabe 2 (Zeit = Monatsangabe)

Das Girokonto zeigt seit 3 Monaten einen Minusbetrag von 1500 € auf. Wie hoch ist die Zinsbelastung in diesem Zeitraum bei einem Dispo-Zinssatz von 9,2 %?

Lösung
K = 1500,– €
p = 9,2 %
t = 3 Monate $\left(\frac{3}{12}\right)$

$$Z = \frac{1500 \cdot 9{,}2 \cdot 3}{100 \cdot 12}$$

Z = **34,50 €**

Beispielaufgabe 3 (Zeit = Tagesangabe)

Ein kurzfristiger Kredit über 9000,– € wird zu 4,5 % verzinst. Das Darlehen hat eine Laufzeit vom 12.3. d. J. bis zum 31.12. d. J.
Wie viel Euro Zinsen wurden bis zum Jahresende bezahlt?

Lösung

K = 9000,– €
p = 4,5 %
t = 12.3. bis 31.12. = 288 Tage $\left(\frac{288}{360}\right)$

$$Z = \frac{9000 \cdot 4{,}5 \cdot 288}{100 \cdot 360}$$

Z = **324,– €**

Übungsaufgaben zu 11.2

1. Berechnen Sie die Zinsen für 34500 €. Der Betrag wird für 54 Tage zu 4,2 % Zinsen geliehen.
2. Tim erbt zwei verschiedene Geldanlagen, die ein Guthaben von 12000,– € und 25000,– € aufweisen.
   Wie viel Zinsen erhält er insgesamt in einem Jahr, wenn das angesparte Geld der ersten Anlage zu $3\frac{3}{4}$ % und das zweite Guthaben zu 4,5 % verzinst wurde?
3. Eine Rechnung vom 21.5. d. J. enthält folgende Zahlungsbedingungen: „Zahlbar innerhalb von 10 Tagen mit 2 % Skonto oder innerhalb von 30 Tagen rein netto. Danach werden Verzugszinsen berechnet."
   Der Rechnungsbetrag von 580,– € wurde erst am 28.7. d. J. beglichen. Basiszinssatz nach § 247 BGB –0,88 % + 5 % = 4,12 % (Stand: Juli 2018).
   a) Wie viel Euro müssen insgesamt bezahlt werden?
   b) Um wie viel Euro übersteigt der Betrag den Barzahlungspreis?

11.3 Berechnen des Kapitals

Beispielaufgabe

Eine Firma hat drei Kredite zu einem Zinssatz von 3,5 % aufgenommen. Für den ersten Kredit werden nach einem Jahr 4200,– € Zinsen bezahlt, für den zweiten Kredit nach 7 Monaten 1837,50 € und für den dritten Kredit nach 45 Tagen 812,– €.
Wie hoch ist die gesamte Kreditsumme?

Lösung

Kredit 1

p = 3,5 %
Z = 4200,– €
t = 1 Jahr

$$K = \frac{4200 \cdot 100 \cdot 1}{3{,}5 \cdot 1}$$

K_1 = **120 000,– €**

Kredit 2

p = 3,5 %
Z = 1837,50 €
t = 7 Monate

$$K = \frac{1837{,}50 \cdot 100 \cdot 12}{3{,}5 \cdot 7}$$

K_2 = **90 000,– €**

Kredit 3

p = 3,5 %
Z = 812,– €
t = 45 Tage

$$K = \frac{812 \cdot 100 \cdot 360}{3{,}5 \cdot 45}$$

K_3 = **185 600,– €**

Kreditsumme: $K_1 + K_2 + K_3$ = **395 600,– €**

Übungsaufgaben zu 11.3

1. Wie hoch ist ein Darlehen, für das bei einem Zinssatz von 3,2 % in einem Jahr 144,– € Zinsen bezahlt werden?
2. Berechnen Sie den Kreditbetrag, wenn vierteljährlich bei einer Verzinsung von 2,2 % 1650,– € bezahlt werden.
3. Für ein Grundstück musste der Pächter zwischen dem 15.8. d. J. und dem 31.12. d. J. bei einem jährlichen Zinssatz von 1,5 % einen Pachtzins von 270,– € bezahlen.
   Welcher Grundstückswert liegt der Berechnung zu Grunde?

11.4 Berechnen des Zinssatzes

Beispielaufgabe

Berechnen Sie die Zinssätze folgender Darlehen:
Darlehen 1: 60 000,– €, jährliche Zinsen: 1800,– €
Darlehen 2: 168 000,– €, Zinsen für 3 Monate: 1470,– €
Darlehen 3: 124 000,– €, Zinsen für 70 Tage: 776,38 €

Lösung

Darlehen 1

K = 60 000,– €
Z = 1800,– €
t = 1 Jahr

$$p = \frac{1800 \cdot 100 \cdot 1}{60000 \cdot 1}$$

p = 3 %

Darlehen 2

K = 168 000,– €
Z = 1470,– €
t = 3 Monate

$$p = \frac{1470 \cdot 100 \cdot 12}{168000 \cdot 3}$$

p = 3,5 %

Darlehen 3

K = 124 000,– €
Z = 776,38 €
t = 70 Tage

$$p = \frac{776{,}38 \cdot 100 \cdot 360}{124000 \cdot 70}$$

p = 3,22 %

Übungsaufgaben zu 11.4

1. Ein Bauherr nimmt eine Hypothek in Höhe von 90 000,– € auf. Vierteljährlich bezahlt er 854,50 € Zinsen.
   Zu welchem Zinssatz (gerundet) wurde der Kredit verzinst?
2. Herr Sonder möchte seine beiden zu hoch verzinsten Kredite zu einem günstiger verzinsten Kredit zusammenlegen. Der erste Kredit in Höhe von 20 000,– € war mit 5 %, der zweite Kredit über 80 000,– € zu 6,5 % verzinst worden.
   a) Zunächst errechnet Herr Sonder den Zinssatz, wenn er beide bisherigen Kredite zusammenlegen würde. Wie hoch ist dieser?
   b) Für die anstehende Ladenrenovierung stockt Herr Sonder den ursprünglichen Kreditbetrag um 20 % auf und verhandelt mit seiner Bank so, dass er im ersten Jahr 4140,– € Zinsen bezahlen muss. Berechnen Sie den neuen Zinssatz für diesen Kredit.
   c) Wie viel Euro Zinsen spart er jetzt im ersten Jahr im Vergleich zu den bisherigen Krediten?
3. Aus 16 600,– € machte ein Kaufmann eine Betriebseinlage von 10 200,– €, den Rest legte er gewinnbringend mit 5 % Rendite an. Am Jahresende erhält er aus beiden Anlagen einen Gesamtertrag von 911,60 €.
   Zu wie viel Prozent verzinste sich seine Betriebseinlage?

11.5 Berechnen der Zeit

Info

Auch beim Zurückrechnen gilt:

1 Monat ≙ 30 Tage
1 Jahr ≙ 360 Tage

Beispielaufgabe

Ein Darlehen von 210 000,– € wird mit 4,2 % verzinst.

a) Nach welcher Zeit sind 3528,– € Zinsen zu bezahlen?
b) Berechnen Sie das Datum, an welchem das Darlehen aufgenommen wurde, wenn bis zum 15.1. d. J. die oben genannten Zinsen angefallen sind.

Lösung

a) K = 210 000,– €
p = 4,2 %
Z = 3528,– €

$$t = \frac{3528 \cdot 100 \cdot 360}{210000 \cdot 4{,}2}$$

t = **144 Tage**

b) 15.1. d. J. abzüglich 144 Tage = **21.8. des Vorjahres**

Übungsaufgaben zu 11.5

1. In wie viel Monaten wächst ein Guthaben von 38 000,– € bei einer Verzinsung von 1,8 % auf 38 427,50 € an?
2. Wann wurden 16 000,– € ausgeliehen, wenn der Betrag in Höhe von 16211,56 € am 27.3. d. J. mit 4,25 % Zinsen zurückbezahlt wurde?
3. Am 1.12. d. J. wurden 19 800,– € aufgenommen. Der Zinssatz betrug 4 %.
   Wann wurde der geliehene Betrag mit 220,– € Zinsen zurückbezahlt?

Vermischte Aufgaben

1. Wie hoch sind die täglichen Zinsen für einen Online-Kredit über 14 000,– €? Der Zinssatz beträgt 9 %.
2. Ein Florist möchte seine Erbschaft so anlegen, dass er mit dem monatlichen Zinsertrag von 1100,– € seine Schulden begleichen kann. Der Zinssatz beträgt 2,5 %. Wie viel Euro hat er geerbt?
3. Die Miete für Büroräume beträgt 840,– € monatlich. Ein Fünftel soll für Reinigung und sonstige Kosten zurückgelegt werden.
   Wie hoch ist der Wert der Büroräume, wenn der Berechnung eine Verzinsung des Kapitals mit 6 % zu Grunde gelegt wird?
4. Ein Florist zahlt ein Darlehen von 7000,– € am 16. August d. J. mit 7081,20 € zurück. Der Zinssatz beträgt 5,8 %.
   An welchem Tag wurde das Darlehen aufgenommen?
5. Bei Vorauszahlung von Zusatzartikeln im Wert von 10 824,74 € erhält ein Floristmeister 3 % Skonto. Dafür nimmt er einen Kredit zu 5 % Verzinsung für 35 Tage auf.
   Lohnt es sich einen Kredit zu beanspruchen?
6. Ein hochverzinstes Darlehen von 67 000,– € soll durch zwei billigere Darlehen ersetzt werden. Das erste Darlehen in Höhe von 45 000,– € wird zu 4,75 %, das zweite zu einem $\frac{3}{4}$ % höheren Zinssatz angeboten.
   Wie hoch war der Zinssatz des ursprünglichen Darlehens, wenn für beide neuen Darlehen halbjährlich 805,25 € weniger Zinsen als beim ursprünglichen Darlehen zu bezahlen sind?
7. Ein Kundenkredit über 1250,– € wird vom 15.3. d. J. bis 1.9. d. J. mit 3,5 % verzinst. Der Kunde überweist erst am 21.10. d. J. Für die Verzugszeit werden zusätzlich weitere 4,12 % Verzugszinsen berechnet (5 % + neg. Basiszinssatz von –0,88 %).
   Wie viel Euro muss der Kunde insgesamt zurückzahlen?
8. Mit wie viel Prozent werden Wertpapiere verzinst, deren Anschaffungspreis 9000,– € betrug? Die halbjährlichen Zinsen wurden mit 249,75 € gutgeschrieben.
9. Die Zinsen eines Darlehens sollen nicht mehr als 50,– € betragen. Das ergibt eine Rückzahlungsfrist von 200 Tagen bei einem Zinssatz von 3,6 %.
   Wie viel Tage früher müsste der Schuldner zurückzahlen, wenn sich der Zinssatz auf 4 % erhöht?
10. Ein Jugendlicher bringt für seinen Führerschein am 1.6. d. J. 2500,– € zur Bank. Der Zinssatz beträgt 0,8 %; die jährlich gutgeschriebenen Zinsen werden mitverzinst.
    Welchen Betrag erhält er nach 3 Jahren am 30.5. ausbezahlt?

! Merksätze

- Die Zinsrechnung ist eine besondere Art der Prozentrechnung, bei der die vorhandenen Größen durch den Zeitfaktor ergänzt werden.
- Die Faktoren der Zinsrechnung sind:
  - Kapital (Grundwert)
  - Zinssatz (Prozentsatz)
  - Zins (Prozentwert)
  - Zeit
- Durch Umstellen der Zinsformel kann jede der vier Faktoren berechnet werden, sofern drei gegeben sind.
- Beim kaufmännischen Zinsrechnen hat ein Monat 30 Tage, ein Jahr 360 Tage.
- Bei Tageszinsen wird mit 1/360, bei Monatszinsen mit 1/12, bei Jahreszinsen mit 1/1 gerechnet.
- Anwendungsgebiete des Zinsrechnens sind z. B. die Berechnung von Guthabenzinsen bei der Geldanlage, Verzinsung von Forderungen bzw. Verbindlichkeiten aus Warenlieferungen und Warenbezug und Verzinsung von Darlehen und Hypotheken.

Zusatzinformation

zur Aufgabe 13:
Tipp: Dreisatz verwenden

11. Der Inhaber eines Blumenfachgeschäfts eröffnet eine Filiale. Dazu nimmt er am 19.1. d. J. einen Bankkredit über 40 000,– € auf. Der variable Zinssatz beträgt bis zum 26.5. d. J. noch 2,3 %, bis zum 4.11. d. J. 2,5 % und dann 2,0 %.
Wie groß ist die Restschuld einschließlich Zinsen am 31.12. d. J., wenn am 30.9. d. J. 5000,– € zurückbezahlt wurden?

12. Zwei zu je 1,5 % vergebene Privatdarlehen bringen in drei Monaten zusammen 47,25 € Zinsen.
Wie groß sind die einzelne Kredite, wenn der zweite doppelt so groß ist wie der erste?

13. Veronika zahlt einen Autokredit für ein gebrauchtes Fahrzeug nach 280 Tagen zurück. Der Jahreszinssatz beträgt 1,89 %. Einschließlich Zinsen erhält das Geldinstitut 7914,66 €. Wie hoch war der Kredit?

14. Herr Grün beabsichtigt, sein Geschäftshaus zu erweitern und teilweise zu vermieten. Die monatlichen Mieteinnahmen werden 1800,– € betragen. Er rechnet mit jährlichen Aufwendungen von 12 000,– € und einer Steuerersparnis von 3000,– €.
Wie viel Eigenkapital kann er für das Haus anlegen, wenn durch den Überschuss eine fünfprozentige Kapitalverzinsung erreicht werden soll?

12 Effektive Verzinsung

▶ Ein junges, engagiertes Floristenehepaar plant das in der Anzeige angebotene Geschäft zu übernehmen. Da das Geld nicht vollständig als Barvermögen vorhanden ist, bemüht es sich um ein Bankdarlehen. Bei den Verhandlungen werden die beiden mit vielerlei Begriffen konfrontiert: **Darlehen, Auszahlungskurs, Gebühren, effektive Verzinsung** und **Tilgung**. Aufgrund des relativ niedrigen Zinssatzes und einer großen Portion Selbstbewusstsein, Arbeitswille und Sparsamkeit trauen sie sich diese Aktion zu. Über den effektiven Zinssatz lassen sich die Angebote verschiedener Kreditinstitute auch gut vergleichen.

Blumenhaus – Floraldesign

Wir verkaufen nach 40 Jahren unser Geschäft in Hessen Süd:
Toplage, Nähe Bankenviertel und Einkaufsmeile,
exklusiver Kundenstamm und rege Laufkundschaft.

Zuschriften bitte an Chiffre-Nr. 43/1952-5 an den Verlag.

12.1 Bankdarlehen

Auszahlung

Der Auszahlungskurs gibt an, wie viel Prozent des Darlehensbetrags tatsächlich ausbezahlt werden.

Beispiel

Auszahlung 97 % heißt, dass 97 % des Darlehensbetrags (= Rückzahlungsbetrag) ausbezahlt werden, die restlichen 3 % verbleiben als Geldbeschaffungskosten (Disagio = Preisabschlag) beim Kreditinstitut.

Wird in der Aufgabe der bereits ausgerechnete Darlehensbetrag (100 %) angegeben, muss der Preisabschlag davon berechnet werden (z. B. 100 % – 3 %). Der ausbezahlte Betrag liegt dann unter 100 % (s. dazu Beispielaufgabe 1).

Muss der Darlehensbetrag erst vom Kreditantrag des Kunden berechnet werden, entspricht der Kreditantrag dem Auszahlungskurs (z. B. 97 %). Der Darlehensbetrag (100 %) liegt dann über dem Kreditbedarf (s. dazu Beispielaufgabe 2).

Zinsen

Die Zinsen werden vom gesamten Darlehensbetrag (100 %) berechnet.

Gebühren

Zu den Darlehenskosten gehören außer den Zinsen auch die Geldbeschaffungskosten (z. B. Disagio) und die Bearbeitungsgebühr. Zusätzliche Kosten werden anteilmäßig mit der Laufzeit verrechnet und erhöhen dadurch den Zinssatz ≙ effektive Verzinsung.

Zusatzinformation

Die Angabe des effektiven Jahreszinses ist im **Verbraucherkreditgesetz** und im **Abzahlungsgesetz** (AbzG) vorgeschrieben. Für Kreditverträge ist die Schriftform zwingend.

Effektive Verzinsung

Bei der Berechnung der effektiven Verzinsung (wirkliche, tatsächliche Verzinsung) werden die Darlehensgebühren dem Zinssatz anteilmäßig nach Laufzeit des Darlehens zugerechnet.

Tilgung

Tilgung ist der Rückzahlungsbetrag, um den sich die Kreditsumme verringert.

Beispielaufgabe 1

Eine Darlehenssumme über 50 000,– € wird zu 2,2 % verzinst. Die Auszahlung beträgt 98 %, die Laufzeit 5 Jahre. Es wird eine einmalige Bearbeitungsgebühr von 50,– € berechnet.
Wie hoch ist der effektive Zinssatz (ohne Tilgung)?

Lösung

Verzinsung für 5 Jahre

$$Z = \frac{50\,000 \cdot 2{,}2 \cdot 5}{100 \cdot 1} = 5500{,}– €$$

Abzug bei Auszahlung (Disagio)

2 % von 50 000 €	= 1000,– €
Bearbeitungsgebühr	= 50,– €
Darlehenskosten für 5 Jahre	= 6550,– €

Darlehenskosten für 1 Jahr
6550 € : 5 = 1310,– €

Effektive Verzinsung

$$p = \frac{1310 \cdot 100 \cdot 360}{49\,000 \cdot 360}$$

p = **2,67 %**

Lösungshinweis
Bei Finanzierungsgeschäften werden alle Beträge auf volle €-Beträge auf- oder abgerundet.
Der effektive Zinssatz wird mit höchstens zwei Kommastellen angegeben.

Beispielaufgabe 2

Die Architektin berechnet für den Ladenumbau Kosten in Höhe von 45 000 €. Der Zinssatz für das Darlehen beträgt 2,2 %, die Laufzeit 3 Jahre und die Auszahlung 96 %. Es fällt eine einmalige Bearbeitungsgebühr von 50,– € an. Berechnen Sie den Darlehensbetrag und die effektive Verzinsung (ohne Tilgung).

Lösung
Berechnung der Darlehenssumme
96 % = 45 000,– €
100 % = **46 875,– €**

Verzinsung für 3 Jahre

$Z = \frac{46875 \cdot 2{,}2 \cdot 3}{100 \cdot 1}$ ≈ 3094,– €

Abzug bei Auszahlung (Disagio)

46 875 € – 45 000 €	= 1875,– €
Bearbeitungsgebühr	= 50,– €
Darlehenskosten für 3 Jahre	= 5019,– €

Darlehenskosten für 1 Jahr

5019 € : 3 = 1673 €

Effektive Verzinsung

$p = \frac{1673 \cdot 100 \cdot 1}{45000 \cdot 1}$

p = **3,72 %**

Übungsaufgaben: Bankdarlehen

Hinweis: Runden Sie die Kommastellen auf volle Euro; eine detaillierte Abrechnung erfolgt am Ende der Laufzeit.

1. a) Berechnen Sie die effektive Verzinsung:

Darlehensbetrag	Auszahlung	Verzinsung	Laufzeit	Bearbeitungsgebühr
240 000 €	96 %	1,25 %	10 J.	1‰ des Darlehens

b) Berechnen Sie den Darlehensbetrag sowie die effektive Verzinsung:

Kreditbedarf	Auszahlung	Verzinsung	Laufzeit	Bearbeitungsgebühr
100 000 €	98 %	1,72 %	5 J.	2‰ des Darlehens

2. Ein Darlehensbetrag über 95 000,– € wird bei einem Auszahlungskurs von 94,5 % zu 1,8 % verzinst. Die Laufzeit beträgt 5 Jahre.
   a) Wie hoch ist die effektive Verzinsung?
   b) Wie hoch ist die monatliche Belastung?
3. Zum Kauf eines Neuwagens muss bei einem Kreditinstitut ein Betrag von 18 000,– € aufgenommen werden. Die Auszahlung beträgt jedoch nur 98,1 %, der Zinssatz 1,88 %. Die Laufzeit wird zunächst auf 3 Jahre festgelegt.
   a) Berechnen Sie den Darlehensbetrag.
   b) Berechnen Sie die effektive Verzinsung.

Definition

Monatliche Belastung = sämtliche Kosten, die vom Konto des Kreditnehmers jeden Monat abgebucht werden (Zinsen, Gebühren, Tilgung).

12.2 Ratenkauf

Beim Ratenkauf (Abzahlungskauf, Teilzahlungsgeschäft), erhält der Käufer die Ware, bezahlt jedoch in Teilbeträgen (Raten). Der Verkäufer gibt dem Käufer die Ware und gleichzeitig einen Kredit. Dieser Kredit wird üblicherweise verzinst; oft zahlt der Käufer zusätzlich noch eine Bearbeitungsgebühr.

Teilzahlungsverträge werden nach den Bestimmungen des **Abzahlungsgesetzes** schriftlich abgeschlossen. Ein Teilzahlungsvertrag enthält

- den Gesamtbetrag der Rechnung;
- die Anzahl der Raten;
- die Höhe der Raten;
- den Fälligkeitstag der einzelnen Raten;
- den effektiven Jahreszins.

Beispielaufgabe

Für neue mobile Verkaufselemente im Wert von 48 000,– € wird folgender Teilzahlungskauf angeboten: Anzahlung bei Vertragsabschluss 25 %, den Rest in 24 gleichen Monatsraten mit einem Teilzahlungszuschlag (Zins) von 0,32 % je Monat vom Restkaufpreis. Die einmalige Bearbeitungsgebühr macht 1,5 ‰ des Kaufpreises aus.

Berechnen Sie

a) die Monastraten;

b) den Ratenpreis;

c) die effektive Verzinsung.

Lösung

a)

Kaufpreis	48 000 €
Anzahlung 25 %	– 12 000 €
Restkaufpreis	36 000 €
Bearbeitungsgebühr 1,5 ‰ aus 48 000 € =	72 €
Teilzahlungszuschlag für 24 Monate Jahreszinssatz 3,84 % (0,32 % · 12)	
$Z = \frac{36000 \cdot 3{,}84 \cdot 24}{100 \cdot 12} \approx$	2765 €
Kreditsumme	38 837 €

Monatsraten

38 837 € : 24 ≈ **1618,– €**

b)

Anzahlung	12 000 €
+ Kreditsumme	38837 €
Ratenpreis	**50 837 €**

c) K = 36 000 €

Z = 2837 € (50 837 € – 48 000 €)

t = 24 Monate

$$p = \frac{2837 \cdot 100 \cdot 12}{36000 \cdot 24} = \mathbf{3{,}94\,\%}$$

Lösungshinweis

Die berechneten Monatsraten werden auf volle €-Beträge abgerundet. Verbleibt ein Restbetrag, wird dieser der 1. Rate zugeschlagen.

Übungsaufgaben: Ratenkauf

1. Eine Heimkino-Anlage kostet 5200,– €. Der Kunde bezahlt 20 % des Kaufpreises an, den Rest in 10 gleichen Monatsraten. Der Teilzahlungszuschlag beträgt 0,2 % je Monat vom Restkaufpreis, die Bearbeitungsgebühr 5 ‰ des Kaufpreises.
   Berechnen Sie
   a) die Monatsraten;
   b) den Ratenpreis;
   c) die effektive Verzinsung.
2. Die Floristin Veronika kauft Möbel für ihre neue Wohnung. Die einzelnen Stücke, die sie sich ausgesucht hat, kosten zusammen 6500,– €. Bei Sofortzahlung würde sie 3 % Skonto erhalten. Da sie das Geld jedoch nicht zur Verfügung hat, bietet ihr der Möbelverkäufer einen Teilzahlungskauf mit 0,0 % Teilzahlungszinsen an:
   Anzahlung 15 % des Kaufpreises, Bearbeitungsgebühr 0,6 % des Kaufpreises, den Rest zu gleichen Monatsraten von ca. 250,– €.
   a) In wie viel Monaten sind die Möbel bezahlt?
   b) Wie hoch ist die erste Rate und welcher Betrag wird für die weiteren Raten berechnet?
   c) Um wie viel Prozent liegt der Ratenpreis über dem Barzahlungspreis?
3. Florist Uwe will das Leasing-Angebot einer Autofirma annehmen. Der Kleinwagen kostet 15 600,– €. Die Anzahlung beträgt 32 % des Kaufpreises zuzüglich 18,– € Bearbeitungsgebühr. In 3 Jahren bezahlt Uwe monatlich 99,– €. Möchte Uwe das Auto nach 3 Jahren kaufen, müsste er noch 8750,– € bezahlen.
   a) Wie hoch ist die gesamte Anzahlung?
   b) Wie hoch ist die gesamte Leasingrate?
   c) Berechnen Sie den Aufpreis des Kleinwagens, wenn Uwe das Auto nach 3 Jahren kauft.
   d) Wie viel Prozent beträgt die jährliche effektive Verzinsung?

Zusatzinformation

Leasing bedeutet Mieten von (langlebigen) Gebrauchsgütern.

Vermischte Aufgaben

1. Frau Schäfer nimmt einen Kredit über 7200,– € auf, der jährlich mit 1,78 % verzinst wird. Nach 41 Tagen kann sie den Kredit zurückzahlen.
   a) Berechnen Sie den Rückzahlungsbetrag, wenn zu den Zinsen noch eine Bearbeitungsgebühr von 0,2 % der Kreditsumme erhoben wird.
   b) Wie viel Prozent beträgt die effektive Verzinsung?
2. Für die Umbaukosten eines Geschäftshauses werden 160 000,– € veranschlagt. In die Finanzierung werden 42 000,– € Eigenkapital eingebracht, die Eigenleistung beträgt 21 000,– €. Der Rest muss mit einem Darlehen zu folgenden Bedingungen finanziert werden: Auszahlungskurs 97 %, Zinssatz 1,25 %, Laufzeit zunächst 4 Jahre, Tilgung 1,5 %.
   a) Berechnen Sie die Darlehenssumme.
   b) Berechnen Sie die Darlehenskosten für 4 Jahre.

Zusatzinformation

Eigenkapital muss nicht finanziert werden, z. B. vorhandenes Sparguthaben oder zur Verfügung stehende Sachmittel (z. B. Bauplatz). **Eigenleistung**, z. B. Mithilfe am Bau, verringert je nach Fähigkeit den Finanzierungsbedarf.

Merksätze

- „Auszahlung“ ist der tatsächlich ausbezahlte Betrag (Darlehensbetrag abzüglich Nebenkosten wie z. B. Gebühren und Disagio).
- „Effektive Verzinsung“ ist der vergleichbare, tatsächliche Zinssatz, der sich aus dem Jahreszinssatz und den Gebühren errechnet
- „Tilgung“ ist der Rückzahlungsbetrag, um den sich die Kreditsumme verringert.
- „Ratenkauf“ ist ein Teilzahlungsgeschäft, für das Gebühren und Zinsen verlangt werden.
- Für die effektive Verzinsung und den Ratenkauf wird die Zinsformel angewandt.
- Anwendungsgebiete für die effektive Verzinsung und den Ratenkauf sind z. B. Finanzierungsgeschäfte mit Fremd- und Eigenkapital und der Kauf von Gegenständen auf Raten.

c) Wie viel Prozent beträgt die effektive Verzinsung?
d) Wie hoch ist die jährliche Belastung durch Zins und Tilgung?

3. Zur Finanzierung einer neuen Ladeneinrichtung im Wert von 48750,– € gibt es zwei Möglichkeiten:
I. Anzahlung 10000,– €, den Rest in 8 gleichen Raten mit 1% Aufpreis je Rate.
II. Zahlung innerhalb von 14 Tagen mit 5% Sonderrabatt. Dazu müsste ein Kredit zu 2,4% für 8 Monate aufgenommen werden.
Welche Finanzierungsmöglichkeit ist bei diesem Beispiel günstiger?

4. Ein Rechnungsbetrag von 2325,– €, der am 15.1. d. J. fällig war, wurde nach Sendung einer zweiten Rechnung am 27.10. d. J. bezahlt.
a) Wie hoch ist der zu bezahlende Betrag, wenn 4,12% Verzugszinsen und 15,– € Spesen berechnet werden?
b) Wie viel € hätte der Schuldner bei Barzahlung unter Berücksichtigung von 3% Skonto gespart?
c) Wie viel Prozent beträgt die effektive Verzinsung, wenn man den Barzahlungsbetrag der Berechnung zu Grunde legt?

5. Ein Darlehen über 2800,– € mit einer Laufzeit von 8 Monaten wird mit 0,22% je Monat verzinst. Die einmalige Bearbeitungsgebühr beträgt 2% der Darlehenssumme.
a) Welcher Betrag ist nach Ablauf von 8 Monaten zurückzuzahlen?
b) Wie viel Prozent beträgt die effektive Verzinsung?

6. Beim Kauf eines Neuwagens wird mit 0,9% Jahreszins für Teilzahlung geworben. Das Fahrzeug kostet 29000,– €. Der Autohändler räumt folgende Teilzahlungsbedingungen ein: Anzahlung 30%, Bearbeitungsgebühr 1% vom Restkaufpreis, Bereitstellungsgebühr 154,– € und Teilzahlungszuschlag (Zins) 2%.
Berechnen Sie
a) den Ratenpreis bei 36 Monatsraten;
b) die monatlichen Raten;
c) die effektive Verzinsung.

7. Die Gesamtkosten eines Einfamilienhauses betragen 420000,– €. Zur Finanzierung werden folgende Angaben gemacht:

Sparguthaben	48000,– €
zugeteilter Bausparvertrag	200000,– €
Lebensversicherung	12000,– €
Eigenleistung	5% der Gesamtkosten

Der fehlende Betrag wird als Darlehen aufgenommen; die Zinsen betragen 1,8%, die Tilgung 1%. Zins- und Tilgung des Bauspardarlehens beträgt monatlich 6,20 € je 1000,– € Vertragssumme.
Wie hoch ist die monatliche Gesamtbelastung des Bauherrn durch Zins und Tilgung nach Ablauf des ersten Jahres?

13 Der Satz des Pythagoras

▶ Pythagoras: Griechischer Philosoph und Mathematiker (um 580 v. Chr. auf der Insel Samos geboren; er lebte bis 497 v. Chr.) Eine seiner Grundideen betrifft die Seelenlehre; vermutlich als erster der griechischen Denker lehrte er, was später Plato die „Unsterblichkeit" nannte. Er erklärte die Zahlen als Ausdruck der Verhältnisse der Natur und ihrer Harmonie und gründete in Unteritalien einen sittlich-religiösen Bund – die Pythagoreer. Fundamental in der gesamten Geometrie ist der Lehrsatz des Pythagoras über das rechtwinklige Dreieck.

Abb. 11
Pythagoras von Samos, 6. Jh. v. Chr.

Im rechtwinkligen Dreieck entspricht die Summe der Quadrate über den Katheten dem Quadrat über der Hypotenuse: $a^2 + b^2 = c^2$

Durch Umstellen der Formel kann man die einzelnen Flächen der Quadrate bzw. deren Seitenlänge berechnen:

Fläche	**Seitenlänge**
$c^2 = a^2 + b^2$	$c = \sqrt{a^2 + b^2}$
$a^2 = c^2 - b^2$	$a = \sqrt{c^2 - b^2}$
$b^2 = c^2 - a^2$	$b = \sqrt{c^2 - a^2}$

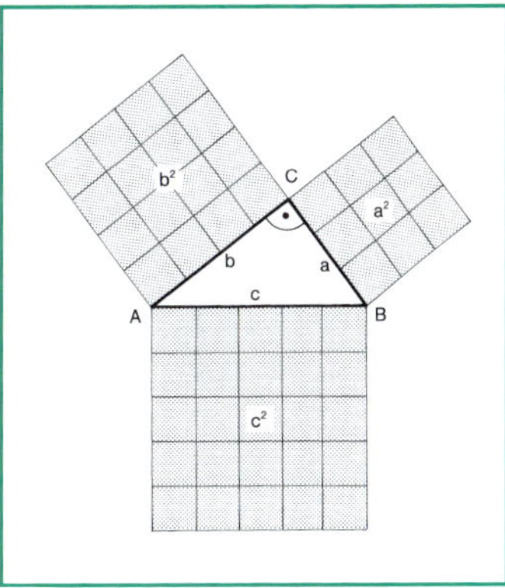

Abb. 12
Der Satz des Pythagoras

Beispielaufgabe 1

Die Grundlinie (Hypotenuse) eines rechtwinkligen Dreiecks ist 60 cm lang, die Kathete a 36 cm.
Wie groß ist die Fläche des Quadrats über der Kathete b?

Lösung

$A_c \triangleq c^2$
$\triangleq 3600 \text{ cm}^2$
$A_a = a^2$
$= 1296 \text{ cm}^2$
$b^2 = c^2 - a^2$
$b^2 = 3600 \text{ cm}^2 - 1296 \text{ cm}^2$
$= \mathbf{2304 \text{ cm}^2}$

Anmerkung

Der Satz des Pythagoras findet Anwendung in Aufgaben der Abschnitte 14, 15 und 16.

Beispielaufgabe 2

Berechnen Sie die Höhe eines gleichseitigen Dreiecks. Eine Seite ist 12 cm lang.

Lösung

h entspricht der Kathete a
Im entstandenen rechtwinkligen Dreieck beträgt dann die Hypotenuse (c) 12 cm und die Kathete b die Hälfte von c, also 6 cm.

$h = \sqrt{c^2 - b^2}$

$h = \sqrt{144\ cm^2 - 36\ cm^2}$

$h = 10{,}3923\ cm$

$\approx$ **10,4 cm**

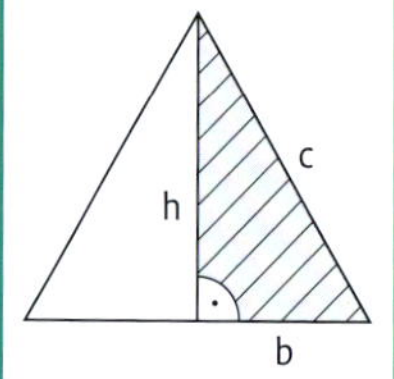

Merksätze

- Die Summe der Quadrate über den Katheten a + b entspricht der Fläche des Quadrats über der Hypotenuse c.
  $a^2 + b^2 = c^2$
- Von den drei Seiten im rechtwinkligen Dreieck müssen zwei zur Berechnung der dritten gegeben sein.
- Anwendungsgebiete für den Satz des Pythagoras sind z. B. das Berechnen der Höhe im Dreieck (s. Kap. 15 Flächenberechnungen).

Übungsaufgaben: Pythagoras

1. Berechnen Sie die fehlende Seitenlänge:

Hypotenuse	lange Kathete	kurze Kathete
a) 62,50 dm	56,25 dm	?
b) ?	52,80 cm	3,96 dm
c) 8,04 m	?	4,02 m

2. Berechnen Sie die Höhe folgender gleichseitiger Dreiecke:
   a) Seitenlänge 1,75 m
   b) Seitenlänge 46,30 dm
   c) Seitenlänge 19,00 cm
3. Das Quadrat über der Hypotenuse (c) hat einen Flächeninhalt von 1024 cm^2. Die Kathete a ist 12 cm lang. Wie lang ist die Kathete b?

14 Pflanzenmengen

▶ Auf dem Großmarkt werden Pflanzen üblicherweise in Kunststoffpaletten bzw. Multi-Topf-Platten angeboten. Für die Auslage im Blumengeschäft ist dieser Pflanzenverband eher nicht werbewirksam; er dient allenfalls zum schnellen Verkauf von Saisonware in höherer Stückzahl. Schnittblumen und floristische Werkstücke müssen optisch ansprechend präsentiert werden, um Wünsche zu wecken, denn Ware wird erst dann verkauft, wenn sie emotional bedeutsam ist. Schließlich kommt auch der individuelle Geschäftsstil bei der Warenpräsentation zum Ausdruck. Berechnet man jedoch größere Pflanzen- oder Schnittblumenmengen für einen vorgesehenen Platz oder eine bestimmte geometrische Form, können unnötige Kosten gespart werden.

Abb. 13
Outdoor-Verkauf von Balkonware

Im Gartenbau bedient man sich dieser Anordnung auf Pflanztischen. Es wird deutlich, dass im Vergleich zum Quadratverband bei einem versetzten Verband, dem Dreieckverband auf gleicher Tischgröße Platz gewonnen werden kann (vgl. Abb. 14).

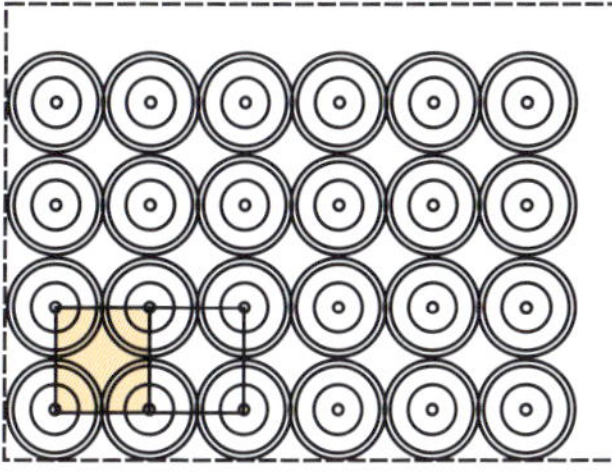

Abb. 14
Quadrat- und Dreieckverband

Beispielaufgabe: Pflanzenanzahl auf Flächen

Für einen Aktionstag kauft die Geschäftsführerin Primeln ein.

a) Wie viele Töpfe können im Quadratverband auf einer Präsentationsfläche von 1,85 m Länge und 1,65 m Breite aufgestellt werden? Pflanzenabstand von Mitte zu Mitte 25 cm.

b) Wie viele Pflanzen sind nötig, wenn auf gleich großer Humusfläche nach dem Gestaltungsprinzip der Streuung die Pflanzen eingepflanzt werden? Jede Pflanze hat einen Platzbedarf von etwa 25 cm × 25 cm.

Lösungsvorschlag:

a) Töpfe/Tischlänge: 185 cm : 25 cm = 7,4 Töpfe ≈ 7 Töpfe
Töpfe/Tischbreite: 160 cm : 25 cm = 6,4 Töpfe ≈ 6 Töpfe
Gesamtanzahl: 7 · 6 = **42 Töpfe**

b) Pflanzfläche: 185 cm · 160 cm = 29 600 cm²
Platzbedarf je Pflanze: 25 cm · 25 cm = 625 cm²
Pflanzenmenge: 29 600 : 625 = 47,36 ≈ **47 Pflanzen**

Wenn Pflanzen auf bestimmten Strecken (Bühnenkante, Rabatte, Ausstellungsbegrenzung, Umrisslinie von Beeten, Balkonbrüstung) gestellt oder gepflanzt werden, muss man die Länge der Strecke durch den Abstand (Durchmesser) einer Pflanze dividieren und die Anfangs- bzw. Endpflanze bei der Berechnung berücksichtigen.

Beispielaufgabe: Pflanzenanzahl auf Strecken

Berechnen Sie die Pflanzenmengen der Pflanzvorschläge a) bis c). Die Strecken sind alle 14 m lang; der Pflanzenabstand beträgt jeweils 45 cm.

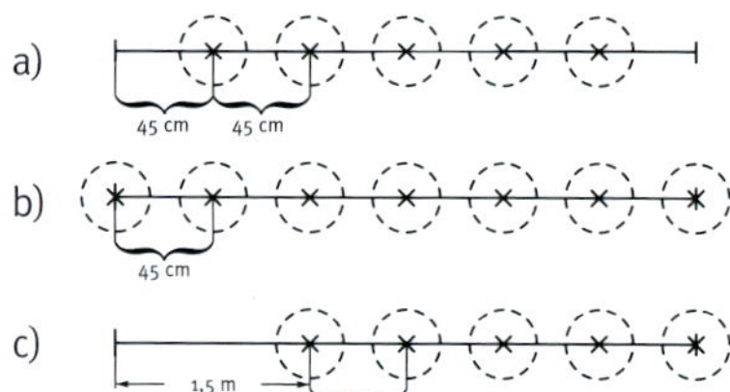

d) Der Umfang einer kreisförmigen Anlage beträgt 78,5 m. Im Abstand von 2,6 m werden auf dieser Umfangslinie Birken gepflanzt. Berechnen Sie die Anzahl.
Skizzieren Sie den Birkenhain mit einem geeigneten Maßstab in der Draufsicht, wenn der tatsächliche Durchmesser 25 m beträgt.

Lösungsvorschlag:

a) 1400 cm : 45 cm ≈ 31 Pfl., abzüglich 1 Endpflanze = **30 Pflanzen**
b) 1400 cm : 45 cm ≈ 31 Pfl., zuzüglich 1 Anfangspflanze = **32 Pflanzen**
c) 1400 cm – 150 cm = 1250 cm : 45 cm ≈ 28 Pfl., zuzüglich 1 Anfangspflanze = **29 Pflanzen**
d) 78,5 m : 2,6 m = 30,19 / gerundet **30 Bäume**
Eine Anfangs- oder Endpflanze muss bei geschlossener kreisförmiger Anordnung nicht berücksichtigt werden. Ein geeigneter Maßstab ist **1 : 200.**

Abb. 15
Chrysanthemen-Anzucht im Gewächshaus

Übungsaufgaben: Pflanzenmengen

1. Im Gewächshaus werden Chrysanthemen gezogen. Das Gitter ist im Quadratverband zu einem 12-cm-Raster aufgeteilt. Das Beet hat eine Länge von 45 m und eine Breite von 10,80 m.
Insgesamt rechnet man aufgrund von Wegeflächen mit 20 % weniger Pflanzen.
Wie viel Chrysanthemen haben Platz?
2. Auf einem Pflanztisch von 10 m Länge und 1,60 m Breite stehen Stecklinge im Abstand von 8 cm, nach dem Umtopfen im Abstand von 12,5 cm und nach dem Rangieren im Abstand von 18 cm.
   a) Wie viel Töpfe können auf einem Tisch in diesen drei Wachstumsphasen im Quadratverband aufgestellt werden?
   b) Um wie viel Prozent hat sich die Topfanzahl jeweils verringert?

c) Auf dem kreisförmigen Verkaufstisch (Durchmesser 1,65 m) werden die Pflanzen verkaufsfertig mit einem jeweiligen Platzbedarf von 25 cm × 25 cm locker arrangiert.
Wie oft könnte dieser Verkaufstisch mit Pflanzen von einem Pflanztisch der letzten Wachstumsphase bestückt werden?

3. Sonnenliebende Balkonpflanzen sollen so auf einer quadratischen Verkaufsfläche präsentiert werden, dass die blaublütigen 4 Teile ergeben, die rot blühenden Pflanzen zu 3 Teilen und die Pflanzen mit gelben Blüten zu 5 Teilen vorkommen. Die Seitenlänge der quadratischen Verkaufsfläche beträgt 1,8 m; jede Pflanze nimmt locker aufgestellt ca. 30 cm × 30 cm Platz ein.
Berechnen Sie die Stückzahlen jeder Farbe.

4. Auf einer Gartenschau werden mediterrane Pflanzen ausgestellt. Den 9 m langen Weg zur Ausstellungshalle säumen beidseitig verschiedene Sorten Zitronenbäumchen. Unmittelbar vor dem Eingang soll eine Strecke von 2 m frei bleiben. Der Abstand der Bäumchen beträgt 1,2 m.
Machen Sie eine Skizze und berechnen Sie die Stückzahl insgesamt.

5. Sie erhalten den Auftrag, für eine etwa 7,8 m lange Balkonbrüstung eines Landhauses Blumenkästen nach dem Prinzip der rhythmischen Reihe zu bepflanzen. Dafür verwenden Sie Vanilleblumen, Zauberglöckchen und Balkonsalbei. Der Abstand von Mitte zu Mitte der Pflanzen beträgt überall etwa 20 cm; der Abstand vom Kastenrand am Anfang und Ende der Reihe bleibt unberücksichtigt (vgl. b) der Beispielaufgabe Seite 74).
Berechnen Sie die Anzahl der Pflanzen von jeder Sorte, wenn die Reihe mit Vanilleblumen beginnen und enden soll.

6. Ein weihnachtlicher Koniferenkranz soll besonders festlich wirken und wird deshalb ringsum mit goldfarbenen Kerzen bestückt. Der Umfang an der Kranzmittellinie beträgt 2,5 m. Die Abstände der Kerzen, von Docht zu Docht gemessen, sollen aus Sicherheitsgründen mindestens 16 cm betragen.
   a) Wie viel Kerzen müssen Sie besorgen?
   b) Interessiert es Sie, wie groß der Durchmesser des Kranzes ist? Rechnen Sie diesen aus.

7. In einem großen Festsaal werden Tische für eine Hochzeit hergerichtet, deren Breite nur 80 cm beträgt. Bei dieser besonderen Herausforderung für einen Tischschmuck entscheiden Sie sich für eine durchgehende Rosenblüten-Reihe mit grünem Beiwerk in sehr schmalen, aneinander gereihten Glasgefäßen. Der Tischschmuck muss je Tischreihe 5 m lang werden; insgesamt sind es 8 Tischreihen. Für eine Überschlagsrechnung messen Sie den Durchmesser der Rosenblüten, das sind durchschnittlich 6 cm.
Berechnen Sie die Mindestanzahl von Rosenblüten und nehmen Sie noch 15 % dazu.

! Merksätze

- Der Quadratverband ist eine Anordnung von Pflanzen in Reihen auf einer Fläche.
- Beim Dreieckverband werden die Pflanzen platzsparend auf Lücke versetzt aufgestellt.
- Zur Berechnung der Pflanzenanzahl auf Flächen beliebiger Formen werden die Regeln der Flächenberechnung angewandt.
- Beim Berechnen der Pflanzenmengen auf Strecken muss die Anfangs- und Endpflanze berücksichtigt werden.

15 Flächenberechnungen

Abb. 16
Strukturfläche

Abb. 17
Mantel-Gestaltung eines Zylinders

▶ Viele Auszubildende und angehende Floristmeister/-innen entwickeln große Freude daran, einfache Gefäße in individuelle Unikate mit interessanten Strukturflächen zu verwandeln. Ebenso sind trendige Struktur-Wandbilder aus natürlichen oder künstlichen Werkstoffen Eyecatcher von einzigartiger Qualität. Es ist sinnvoll, die Menge des Materials aufgrund der Flächengröße einer Unterlage vorher zu ermitteln, um unnötige Ausgaben und Kosten für die Lagerhaltung zu vermeiden.

15.1 Bemaßung

Für die Berechnung von Flächen werden folgende Zeichen nach DIN 1304 verwendet (s. dazu auch SI-Einheiten Seite 8 f.):

A	= Fläche	h	= Höhe
U	= Umfang	l	= Länge
a, b, c, d	= Seitenlänge	b	= Breite
g	= Grundlinie	m	= Mittellinie

Die Grundeinheit für die Länge ist der **Meter** (m), die Einheit für die Fläche der **Quadratmeter** (m^2). Der Flächeninhalt wird abgekürzt mit **A** (A ist abgeleitet vom englischen „area"= Flächeninhalt).

Längenmaße werden auch in dezimalen Einheiten eines Meters und Flächenmaße in dezimalen Einheiten eines Quadratmeters angegeben. Beachten Sie dazu die Hinweise zur Umrechnung auf Seite 8 f., Kapitel 1.

15.2 Berechnung der Fläche und des Umfangs

15.2.1 Quadrat

Fläche = Länge · Breite
$A = a \cdot a \mathrel{\hat=} a^2$

Umfang = Summe aller Seiten
$U = 4\,a$

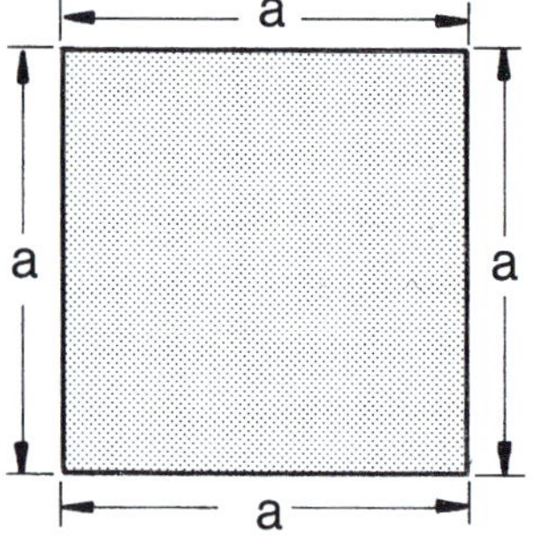

Beispielaufgabe

Im Verkaufsraum stehen drei quadratische Holztische mit 80 cm Seitenlänge. Die Tischflächen werden weiß gestrichen und die Kanten mit Goldband beklebt.

a) Berechnen Sie die Oberflächen aller Tische in m^2.
b) Wie viel Meter Band müssen Sie kaufen (auf ganze Meter gerundet), wenn noch 10 % Verschnitt einkalkuliert werden?

Lösung

a) A = 80 cm · 80 cm
3A = 80 cm · 80 cm · 3 St.
3A = 19200 cm^2 ≙ **1,92 m^2**

b) 3U = 4 · 0,8 m · 3 St. = 9,6 m
9,6 m + 10 % = 10,56 m ≈ **11 m**

15.2.2 Rechteck

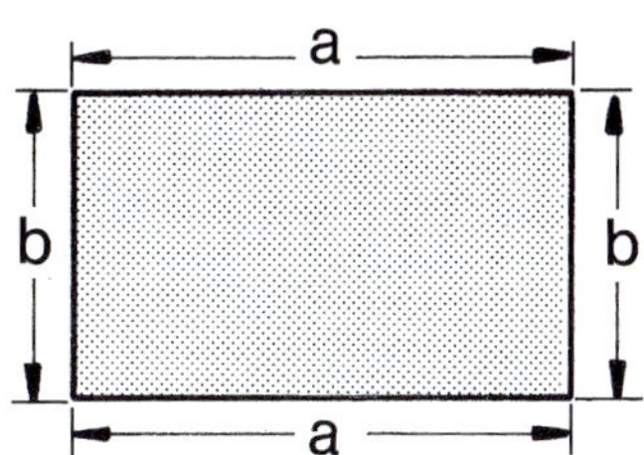

Fläche = Länge · Breite
$A = a \cdot b$

Umfang = Summe aller Seiten
$U = 2a + 2b$
$= 2(a + b)$

Beispielaufgabe

Eine Holzplatte mit den Maßen a = 175 cm und b = 65 cm soll so mit Folie beklebt werden, dass ringsum ein Holzrand von 2,5 cm frei bleibt. Wie viel Quadratmeter Fläche nimmt die Folie ein?

Lösung

a = 175 cm – 5 cm = 170 cm
b = 65 cm – 5 cm = 60 cm
A = 170 cm · 60 cm
A = 10 200 cm² ≙ **1,02 m²**

15.2.3 Parallelogramm

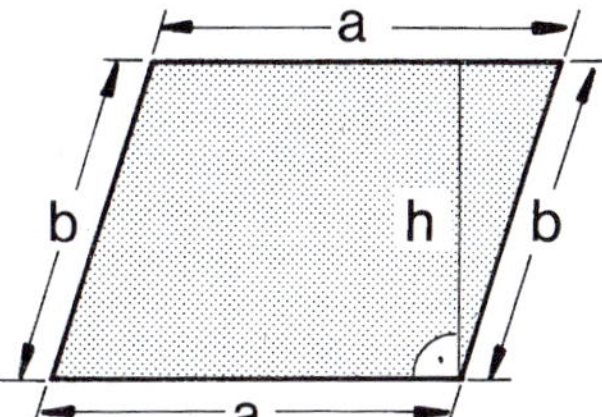

- **Rhomboid**

= Parallelogramm, bei dem jeweils zwei gegenüberliegende Seiten gleich lang sind.

- **Raute**

= Parallelogramm mit gleich langen Seiten.

Fläche = Länge · Höhe
$A = a \cdot h$

Umfang = Summe aller Seiten
$U = 2a + 2b$
$= 2(a + b)$

Beispielaufgabe

Eine Fläche in Form eines Parallelogramms wird für eine Ausstellung mit Stiefmütterchen bepflanzt, und zwar in den Farben Gelb, Blau, Weiß zu je einem Drittel.
Maße der Pflanzfläche: a = 3,40 m, h = 1,70 m
Platzbedarf einer Pflanze: 12 cm × 12 cm
Wie viel Pflanzen von jeder Farbe braucht man?

Lösung

$A_1 = 340\text{ cm} \cdot 170\text{ cm}$
$A_1 = 57\,800\text{ cm}^2$
Platzbedarf einer Pflanze: $A_2 = 12\text{ cm} \cdot 12\text{ cm}$
$A_2 = 144\text{ cm}^2$

Anzahl der Pflanzen je Farbe:

$\frac{A_1}{A_2 \cdot 3} = 133{,}796$ Pflanzen ≈ **134 Pflanzen**

15.2.4 Trapez

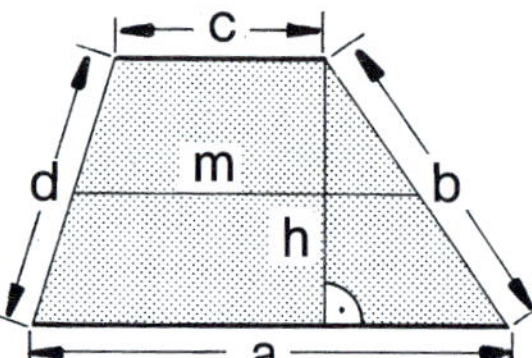

$$\text{Fläche} = \frac{\text{Grund-} + \text{Decklinie}}{2} \cdot \text{Höhe}$$

$$A = \frac{a + c}{2} \cdot h$$

Umfang = Summe aller Seiten
$U = a + b + c + d$

Beispielaufgabe

Die beiden trapezförmigen Wandflächen eines Dachzimmers werden neu gestrichen. Maße einer Wandfläche: a = 4,23 m, b = 2,85 m, c = 1,8 m, d = 3,1 m und h = 2,7 m. Skizzieren Sie die Wandflächen.

a) Ein vorhandener 10-l-Eimer Farbe ist noch halb voll; die Menge würde bei einem Anstrich für 30 m² reichen. Reicht diese Menge auch für einen zweimaligen Anstrich?
b) Mit Ausnahme der Grundlinie a werden die Umrisslinien der Wandflächen mit einem Deko-Band beklebt. Wie viel Meter Band werden mindestens gebraucht?

Lösung

a) $2A = 2 \cdot \frac{4{,}23\text{ m} + 1{,}8\text{ m}}{2} \cdot 2{,}7\text{ m}$

$2A = 16{,}281\text{ m}^2$

Zweimaliger Anstrich: $2 \cdot 16{,}281\text{ m}^2$ = **32,562 m²**

Die restliche Farbe reicht rein rechnerisch nicht ganz.

b) $2U = 2(2{,}85\text{ m} + 1{,}8\text{ m} + 3{,}1\text{ m})$

2U = **15,5 m Band**

15.2.5 Dreieck

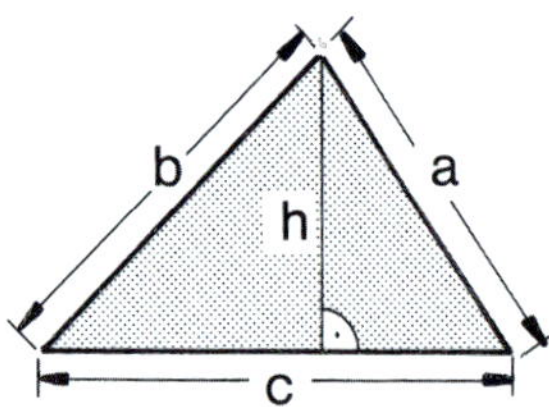

Fläche = Grundlinie · halbe Höhe

$$A = \frac{g \cdot h}{2}$$

(Die Grundlinie entspricht der Länge c)

Umfang = Summe aller Seiten
$U = a + b + c$

Beispielaufgabe

In einem Verkaufsraum sind zwei dreieckförmige Flächen für Dauerbepflanzungen im Boden ausgespart. Maße der Pflanzflächen: $g_1 = 2{,}60$ m, $h_1 = 90$ cm; $g_2 = 2{,}80$ m, $h_2 = 1{,}20$ m.
Wie viel Quadratmeter Verkaufsfläche bleiben übrig, wenn die beiden Pflanzflächen einen Anteil von 3 % der Gesamtfläche einnehmen?

Lösung

$$A_1 = \frac{2{,}6\text{ m} \cdot 0{,}9\text{ m}}{2} \triangleq 1{,}17\text{ m}^2$$

$$A_2 = \frac{2{,}8\text{ m} \cdot 1{,}2\text{ m}}{2} \triangleq 1{,}68\text{ m}^2$$

Gesamte Pflanzfläche: $A_1 + A_2 = 2{,}85\text{ m}^2$ ($\triangleq$ 3 %)
100 % = 95 m^2
Verkaufsraum:
97 % = **92,15 m²**

15.2.6 Kreis

Fläche = Radius im Quadrat · Pi

$$A = r^2 \cdot \pi$$

oder

$$A = \frac{d^2 \cdot \pi}{4}$$

Umfang = Durchmesser · π

$$U = d \cdot \pi$$

oder

$$U = 2r \cdot \pi$$

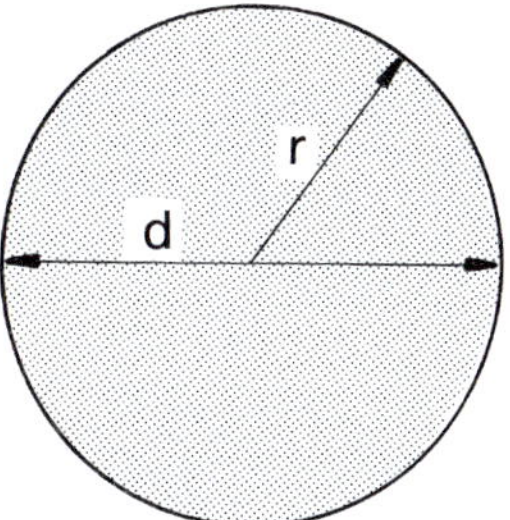

Die Zahl Pi (π) erhält man, wenn man den Kreisumfang durch den Durchmesser dividiert. Diese Verhältniszahl ist bei allen Kreisen gleich groß, nämlich 3,14159...

Beispielaufgabe

Als Blickpunkt wird am „Tag der offenen Tür" auf einem runden Tisch eine Strukturarbeit zur Schau gestellt. Sie nimmt die ganze Fläche ein. Der Tisch hat einen Radius von 8,5 dm.
Berechnen Sie die Fläche und den Umfang der Arbeit.

Lösung

$A = (0{,}85\text{ m})^2 \cdot \pi$	$U = 1{,}70\text{ m} \cdot \pi$
$A = 2{,}2698$ m	$U = 5{,}3407\text{ m}^2$
A ≈ **2,27 m²**	U ≈ **5,34 m**

15.2.7 Kreisring

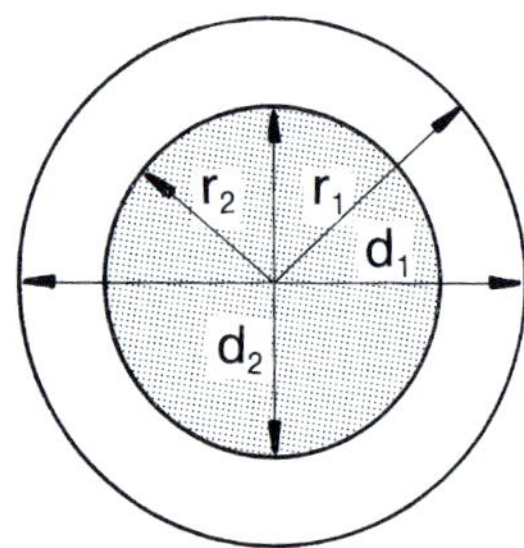

Fläche = große Kreisfläche – kleine Kreisfläche

$$A = A_1 - A_2$$

$$A = (r_1{}^2 - r_2{}^2) \cdot \pi$$

oder

$$A = (d_1{}^2 - d_2{}^2) \cdot \frac{\pi}{4}$$

Umfang = s. Umfang Kreis

Beispielaufgabe

Wie viel Blütenköpfe werden zum Ausstecken eines Kreisrings benötigt, wenn eine Blüte eine Fläche von 25 cm^2 einnimmt?
Maße des Kreisrings: $r_1 = 70$ cm; $r_2 = 25$ cm

Lösung
$A = (70^2 - 25^2) \cdot \pi$
$A = 13430{,}308\ cm^2$

Anzahl der Blüten: $\frac{\text{A Kreisring}}{\text{A Blüte}}$ = 537,212 Blüten
≈ **537 Blüten**

In der Praxis wird man mit mindestens 550 Blüten rechnen.

15.2.8 Kreisausschnitt

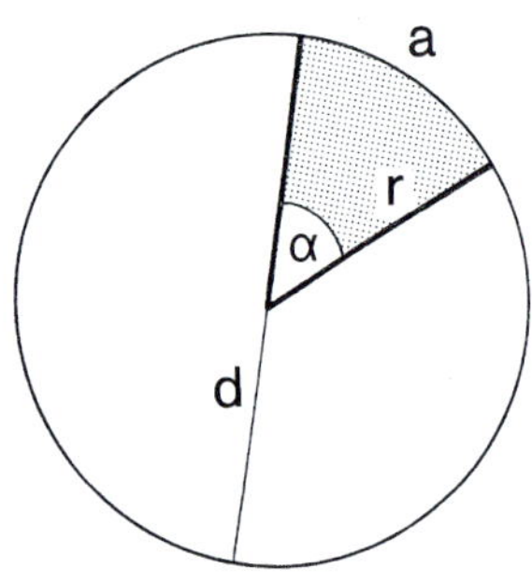

Der Kreisausschnitt bildet mit dem Mittelpunktswinkel α eine Teilfläche des ganzen Kreises = $\frac{\alpha}{360°}$.
Denselben Anteil hat die Kreisbogenlinie (a) am gesamten Umfang.

$$A = \frac{r^2 \cdot \pi \cdot \alpha}{360}$$

$$a = \frac{d \cdot \pi \cdot \alpha}{360}$$

Umfang des Kreisausschnitts = a + 2r

Beispielaufgabe

Fünf Kreisausschnitte aus Holz mit einem Radius von 75 cm und einem Mittelpunktswinkel von 42° werden fächerartig an einer Säule befestigt und übereinandergebaut.

a) Wie groß ist die gesamte Stellfläche?
b) Die Kanten der einzelnen Elemente werden mit Spitzenband beklebt. Wie viel Euro kostet das Band insgesamt bei einem Preis von 2,80 € je Meter?

Lösung

a) $5A = 5 \cdot \frac{0{,}75\ m \cdot 0{,}75\ m \cdot \pi \cdot 42}{360}$

$5A = 1{,}0308\ m^2 \approx$ **1,03 m²**

b) $5U = 5 \cdot \left(\frac{1{,}5\ m \cdot \pi \cdot 42}{360} + 2 \cdot 0{,}75\ m\right)$

$5U = 10{,}24889\ m \approx 10{,}25\ m$

Kosten: 10,25 m · 2,80 € = **28,70 €**

15.2.9 Ellipse

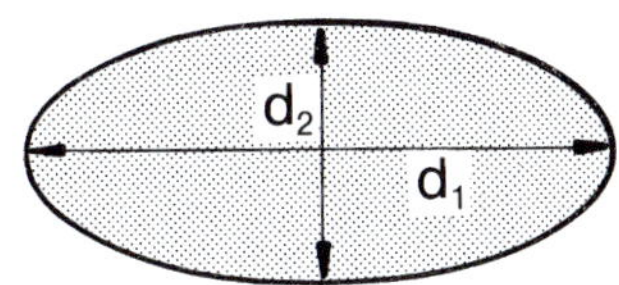

Die Flächen- und Umfangsberechnung kann von der Kreisfläche abgeleitet werden:

$$A = r_1 \cdot r_2 \cdot \pi$$

$$U = \frac{(d_1 + d_2) \cdot \pi}{2}$$

Beispielaufgabe

a) Wie groß ist die Fläche eines elliptischen Beetes, bei dem d_1 zweieinhalbmal so lang ist wie d_2, nämlich 2,25 m?

b) Wie viel Pflanzen können auf der Umrisslinie des Beetes im Abstand von 20 cm eingepflanzt werden?

Lösung

a) $d_2 = 2{,}25\ m : 2{,}5$

$d_2 = 0{,}90\ m$

$A = 1{,}125\ m \cdot 0{,}45\ m \cdot \pi$

$A = 1{,}59043\ m^2$

$A \approx$ **1,59 m²**

b) $U = (1{,}125\ m + 0{,}45\ m) \cdot \pi$

$U =$ **4,948 m**

Anzahl der Pflanzen: $\frac{\text{Umfang}}{\text{Pflanzabstand}} = \frac{4{,}948}{0{,}20}$

= 24,74 Pflanzen ≈ **25 Pflanzen**

15.2.10 Sechseck (Regelmäßiges Vieleck)

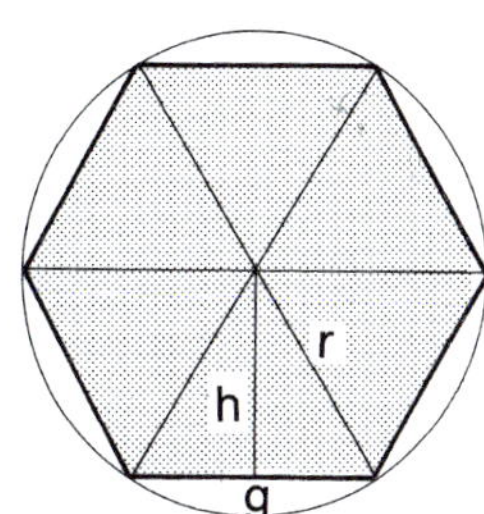

Beim regelmäßigen Vieleck sind alle Seiten gleich lang. Berechnungsgrundlage ist das Bestimmungsdreieck.

$$A = 6 \cdot \frac{g \cdot h}{2}$$

Umfang = Summe aller Grundlinien

$$U = 6\,g$$

Beispielaufgabe

Ein sechseckiger Deko-Tisch wird mit Spiegelglas belegt. Das Spiegelglas wird in Dreiecke geschnitten, geschliffen und aufgeklebt. Ein Quadratmeter Kristallspiegelglas kostet einschließlich Bearbeitung 176,– €.
Maße eines Bestimmungsdreiecks: g = 58 cm, h = 50,2 cm.
Wie viel Euro kostet der Spiegel?

Lösung

$6A = 6 \cdot \frac{58\text{ cm} \cdot 50{,}2\text{ cm}}{2}$

$6A = 8734{,}8\text{ cm}^2 \triangleq 0{,}8735\text{ m}^2$

Kosten: $0{,}8735\text{ m}^2 \cdot 176{,}–\text{ €} = 153{,}736\text{ €} \triangleq$ **153,74 €**

Vermischte Aufgaben

1. Sie erhalten den Auftrag, ein schmales Wandfries mit auf Glyzerinbasis konservierten Rosenblüten als Formarbeit zu fertigen. Die Friesunterlage ist 30 cm breit und 80 cm lang; eine Rosenblüte misst etwa 5 cm im Durchmesser.
   Berechnen Sie die Stückzahl an Rosenblüten und runden Sie auf die nächste volle Zahl auf.
2. Für ihre Abschlussprüfung beklebt Julia ein Gefäß mit Birkenrinde. Die rechteckige Metallwanne hat einen Umfang von 2,7 m und eine Höhe von 28 cm. Für die Materialbeschaffung legt sie den Inhalt eines Päckchens Rinde überlappend auf den Tisch und stellt fest, dass die Menge für ungefähr 85 cm Länge und 5 cm Breite ausreicht. Wie viele Päckchen muss sie besorgen?
3. Drei Dekorationsplatten in der Form eines gleichseitigen Dreiecks werden mit Lackfarbe gestrichen und die Kanten mit Kunststoffband beklebt. Ein Dreieck hat eine Seitenlänge von 70 cm.
   a) Berechnen Sie die Höhe eines Dreiecks.
   b) Wie viel Quadratmeter müssen bei zweimaligem Anstrich der Oberseite bearbeitet werden?
   c) Wie viel Meter Kunststoffband müssen gekauft werden und wie viel kostet dies bei einem Preis von 2,75 € je Meter?
4. Ein trapezförmiges Blumenbeet wird bepflanzt. Das Beet hat folgende Maße: a = 3,90 m, c = 3,10 m, h = 2,90 m.
   a) Wie viel Pflanzen haben Platz, wenn eine Pflanze eine Fläche von 225 cm^2 einnimmt?
   b) Wie viel kostet die Bepflanzung bei einem Stückpreis von 2,85 €?
5. Durch ein rechteckiges Grundstück mit einer Länge (a) von 16,8 m und einer Fläche von 210 m^2 soll im Abstand von 1 m an der Breitseite (b) ein Weg parallel zur Linie b gebaut werden.
   a) Wie viel Quadratmeter Fläche nimmt der Weg ein, wenn er 1,8 m breit werden soll?
   b) Wie viel Prozent der Gesamtfläche nimmt die Wegfläche ein?
6. Ein Wandregal für Keramik besteht aus 6 Regalböden mit den Maßen 1,70 m Länge und 32 cm Breite. Wie groß ist die gesamte Stellfläche?
7. Eine Kreisfläche mit einem Durchmesser von 190 cm wird mit Plattenmoos belegt. Eine Kiste Moos reicht für 0,6 m^2.
   Wie viel Kisten Moos müssen gekauft werden?

8. Drei Holzplatten in der Form eines romanischen Fensters sollen für ein Event mit Silberfolie beklebt werden. Eine solche Rundbogenfläche setzt sich aus einem Quadrat mit einer Seitenlänge von 80 cm und dem dazugehörigen Halbkreis zusammen.
   a) Wie groß ist die gesamte Fläche der drei Rundbogen?
   b) Sämtliche Kanten werden mit einem Silberstreifen beklebt. Wie lang muss dieser sein?
9. Ein Margeritenfeld ist 7 m breit und hat eine Fläche von 4,76 Ar.
   a) Wie lang ist das Feld?
   b) Zeichnen Sie das Feld im Maßstab 1 : 500.
10. Zwei Schaufenster müssen neu verglast werden. Ein Quadratmeter Sicherheits-Wärmeschutz-Glas kostet 316,– €. Ein Schaufenster hat eine Fläche von 19,60 m^2 und ist 2,80 m hoch. Das zweite Schaufenster ist ebenso hoch, aber um 1,50 m weniger lang. Wie viel kostet die Verglasung?
11. Der Zierpflanzenbetrieb „Jungflora" hat inmitten der Freilandfläche einen ovalen Naturteich mit den Maßen d_1 = 6,85 m und d_2 = 5,55 m, eine reine Anbaufläche im Freien von 7016 m^2 und unter Glas 1200 m^2. Das Verkaufsgewächshaus mit Büro ist 12 m breit und 16 m lang. Das Privathaus mit Privatgarten nimmt eine Fläche von 4,1 Ar ein. Für die Parkplätze wurde eine Fläche in Form eines Parallelogramms von 16 m Länge und einer Flächenhöhe von 4 m hergerichtet.
    Wie groß ist das gesamte Grundstück (Quadratmeter, Ar, Hektar)?
12. Die Ausstellungskoje einer Ikebana-Schau wird mit Balken umrahmt. Die Koje ist 4,40 m lang und 3,10 m breit. Ein Meter der Balken kostet 26,– €. Wie teuer wird die Umrahmung?
13. Inmitten einer Schlossanlage legt der Gärtner ein kreisförmiges Beet mit einem Durchmesser von insg. 5,90 m an. Es wird am Rande in einer Breite von 1,20 m bepflanzt, die innere Fläche wird als Rasen hergerichtet. Für die zu bepflanzende Fläche werden Pflanzen mit einem Platzbedarf von ca. 14 cm · 14 cm verwendet.
    a) Skizzieren Sie das Beet im Maßstab 1 : 50
    b) Wie viel Pflanzen müssen besorgt werden?
    c) Auf der Linie zwischen Rasen und Pflanzring werden Mini-Buchsbaumpflanzen im Abstand von 25 cm eingesetzt.
       Wie viel Pflanzen werden benötigt?
    d) Wie groß ist die Rasenfläche?
14. Für die Jahresfeier von sechs Abteilungen eines Vereins werden Blütenköpfe in deren Farben auf ein Sechseck geklebt; die Kantenlänge eines Dreiecks beträgt 90 cm.
    a) Berechnen Sie die Höhe eines Dreiecks.
    b) Wie groß ist die gesamte Blütenfläche?
15. Für eine Adventsausstellung werden folgende Holzflächen mit Goldfolie beklebt:

Anzahl	**Form**	**Maße**
3 Stück	Kreisausschnitt	r = 90 cm, $\alpha = 30°$
2 Stück	Quadrat	A = 0,64 m^2
2 Stück	Rechteck	a = 80 cm, b = 1,20 m
3 Stück	Gleichseitiges Dreieck	a = 90 cm, h = 77,9 cm
4 Stück	Kreis	d = 110 cm

    a) Wie groß ist die gesamte Fläche?
    b) Wie viel kostet die Folie, wenn mit 15 % Abfall zu rechnen ist und für einen Quadratmeter Folie 9,80 € bezahlt wird?

Zusatzinformation

zur Aufgabe 8:
Romanik: 750–1250

Abb. 18
Dom zu Speyer:
Romanisches Fenster

c) Wie viel Meter Klebeband werden für die Kanten gebraucht?

d) Wie viel kostet das Klebeband bei einem Meterpreis von 2,45 €?

16. Drei Blumenfachgeschäfte beteiligen sich bei einer Floristikschau. Als Präsentationsfläche stehen jeweils 42,25 m^2 zur Verfügung. Berechnen Sie die Längen- und Breitenmaße bzw. den Durchmesser der zugeteilten Flächen: Betrieb A bekommt ein Quadrat, Betrieb B einen Kreis und Betrieb C ein Rechteck mit einer Länge von 12,5 m.

17. Für eine kreisförmige Fläche wird eine Girlande von 4,40 m Länge gefertigt.
Berechnen Sie Kreisdurchmesser und -fläche.

18. Ein trapezförmiges Grundstück wird gegen ein rechteckiges mit gleicher Flächengröße eingetauscht. Das Trapez hat folgende Maße: a = 140 m, c = 122 m, h = 75 m. Das neue Grundstück ist 75 m breit. Wie lang muss es sein?

19. Mit einem 2 m breiten Abstand werden um einen künstlich angelegten, elliptischen See Pappeln gepflanzt. Der See hat einen großen Durchmesser von 75 m und einen kleinen Durchmesser von 68 m. Der Pflanzabstand beträgt 6,5 m.
Wie viel Pappeln werden benötigt?

20. Die Flächen von drei quadratischen Grundstücken verhalten sich wie 2 : 3 : 5. Die Seitenlänge des ersten Grundstücks beträgt 50 m. Berechnen Sie die Flächen der Grundstücke und deren Seitenlängen.

21. Wegen städtischer Baumaßnahmen muss ein gleichseitiges dreieckiges Grundstück mit einer Seitenlänge von 120 m durch ein rechteckiges Stück Land gleicher Flächengröße ersetzt werden. Das Rechteck hat eine Länge von 90 m.

a) Wie breit muss das Rechteck sein?

b) Geben Sie die Flächengröße in Quadratmeter, Ar und Hektar an.

22. Die Umrisslinie eines rechteckigen Gartengrundstücks wird in der Mitte der Grundstückslänge durch eine Einfahrt von 2,60 m Breite unterbrochen. Die Länge des Grundstücks beträgt 14,20 m, die Breite 8,90 m. Im Abstand von 45 cm werden Kirschlorbeer-Pflanzen gesetzt. Rechts und links der Toreinfahrt soll jeweils eine Pflanze als Begrenzung stehen. Skizzieren Sie das Grundstück.
Wie viel Pflanzen werden benötigt?

23. Die Fläche einer Theaterbühne beträgt 58,50 m^2, die Breite 6,50 m. An der Längsseite werden zur Dekoration für eine Weihnachtsfeier *Euphórbia pulchérrima* im Abstand von 30 cm aufgestellt; der Treppenaufgang (1,50 m Längsseite rechts) bleibt dabei frei, der Abstand von der Wand (Längsseite links) entspricht dem Topfabstand.

a) Wie viel Pflanzen müssen gekauft werden?

b) Wie viel kostet die Dekoration bei einem Stückpreis von 9,50 € und einem Barzahlungsnachlass von 2 %?

24. Ein rechteckiges Feld wurde im Maßstab 1 : 750 skizziert. Die gezeichnete Länge beträgt 12,8 cm, die Breite 4 cm. Berechnen Sie die wirklichen Maße und die Fläche des Grundstücks.

25. a) Zeichnen Sie ein kreisförmiges Pflanzbeet mit dem Radius von 5,25 m im Maßstab 1 : 125.

b) Berechnen Sie die Kreisfläche.

c) Dieses Beet wird zu 60 % des Flächeninhalts bepflanzt. Eine Pflanze hat einen Platzbedarf von ca. 30 cm × 30 cm. Wie viel Pflanzen werden gebraucht?

26. Berechnen Sie die bepflanzten Flächen des hier im Grundriss abgebildeten Barockgartens. Beachten Sie, dass die Felder B bis G mehrfach vorkommen.
Bemaßung wie folgt:

Fläche A:	$d_1 = 22{,}8$ m	$d_2 = 13$ m	
Fläche B:	$r = 4$ m		
Fläche C:	$a = 7$ m	$h = 6$ m	
Fläche D:	$g = 12{,}6$ m	$h = 3{,}2$ m	
Fläche E:	$g = 6$ m	$h = 9$ m	
Fläche F:	$a = 14{,}6$ m	$c = 7{,}4$ m	$h = 9$ m
Fläche G:	$a = 14{,}6$ m	$b = 2$ m	

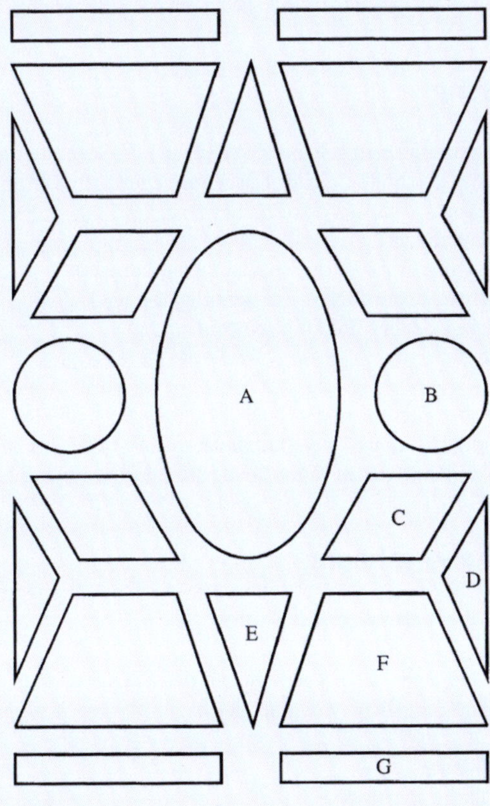

Abb. 19
Barockgarten

Merksätze

- Die Basiseinheit für **Flächen** ist der Quadratmeter (m^2).
- Die Umrechnungszahl von einer Einheit zur nächsten ist 100; das Komma verschiebt sich um 2 Stellen.
- Immer gleiche Lösungsschritte erleichtern die Rechnung:
  - Gesuchte Größe isolieren;
  - Formel auf die gesuchte Größe umstellen;
  - Werte in die gesuchte Einheit umwandeln und in die Formel übertragen.
- Anwendungsgebiete sind die Berechnung der Beetflächen, das Streichen oder Bekleben von Dekorationsflächen, das Errechnen von Stellflächen, das Berechnen der Kosten für Ausstellungsflächen oder Mieträume.

16 Körperberechnungen

Abb. 20
Verschiedene Gefäße für die Floristik

▶ Floristin Antje erhält den Auftrag, für ein Mehrfamilienhaus vierzehn gleiche Balkonkästen zu bepflanzen. Um den Bedarf an Erde zu ermitteln, bedient sie sich der Volumenberechnung – so kann sie die notwendige Erde herrichten. Sie überschlägt auch die Füllmenge von Gebrauchsvasen im Geschäft, um die richtige Menge Frischhaltemittel beizugeben. Auch die Oberflächen von Körpern, die gestrichen, beklebt oder mit Blüten besteckt werden, sind für die Preisermittlung zu berechnen.
Gefäße im floristischen Alltag können ihrem groben Umriss entsprechend geometrischen Körpern zugeordnet und daher auch berechnet werden. Schätzpreise sind nicht immer kostendeckend!
Ordnen Sie die Abbildungen von Gefäßen geometrischen Körpern zu.

16.1 Bemaßung

Bei der Berechnung von Körpern gelten die SI-Einheiten (s. Seite 8 f.) und die Maßbenennungen (s. Abschnitt 15.1) für Flächenberechnungen. Hinzu kommen folgende Größen:
V = Volumen (Rauminhalt)
A_1 = Grundfläche (bzw. große Fläche eines stumpfen Körpers)
A_2 = Deckfläche (bzw. kleine Fläche eines stumpfen Körpers)
A_m = mittlere Fläche in halber Höhe (Querschnittsfläche)
h_K = Körperhöhe
h_S = Seitenhöhe
s = Mantellinie
Die Basiseinheit für das Volumen ist der **Kubikmeter = m³; 1 dm³ ≙ 1 Liter**.
Beachten Sie dazu die Hinweise zur Umrechnung auf Seite 8 f., Kapitel 1.

16.2 Volumenberechnung

16.2.1 Volumenberechnung von Säulen

Säulen haben an jeder Stelle der Körperhöhe die gleiche Querschnittsfläche; Grund- und Deckfläche sind daher deckungsgleich.

Rechtecksäule = Quader
(Grund- und Deckfläche: Rechteck)

Quadratische Säule
(Grund- und Deckfläche: Quadrat)

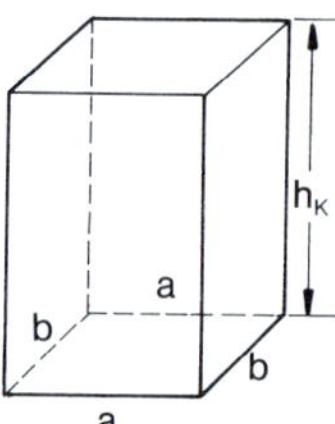

Würfel
(Alle Seiten bzw. Flächen sind gleich)

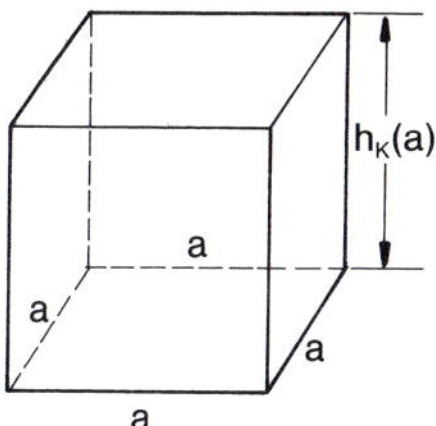

Dreiecksäule
(Grund- und Deckfläche:
Dreieck/ungleichseitig oder gleichseitig)

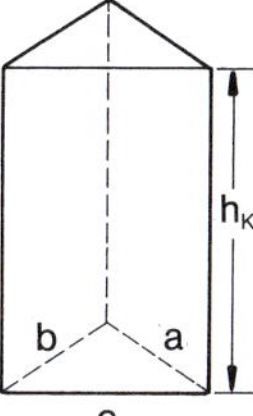

Zylinder
(Grund- und Deckfläche
z. B. Kreis oder Ellipse)

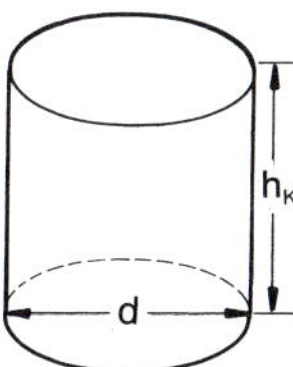

Volumen aller Säulen
$V = A \cdot h_K$

Lösungshinweis

Erstellen Sie die Berechnungsformeln für die Volumina aller oben aufgeführten Säulen, indem Sie A durch die Flächenformel ersetzen.

Beispielaufgabe

Ein Wasserfass hat einen Durchmesser von 56 cm (r = 2,8 dm) und eine Höhe von 162 cm (16,2 dm). Wie viel Liter fasst es?

Lösung
$V = r^2 \cdot \pi \cdot h_K$
$V = 2{,}8\ \text{dm} \cdot 2{,}8\ \text{dm} \cdot \pi \cdot 16{,}2\ \text{dm}$
$V = 399{,}007\ \text{dm}^3 \triangleq 399{,}007\ \text{l} \approx$ **400 Liter**

Übungsaufgaben: Säulen (V)

1. Eine Blumenvase hat die Form einer Dreiecksäule. Die Grundfläche ist ein gleichseitiges Dreieck mit einer Seitenlänge von 9 cm und einer Höhe von 7,8 cm. Die Vasenhöhe beträgt 28 cm. Wie viel Liter fasst die Vase, wenn sie bis 3 cm unter dem Rand gefüllt wird?

2. Wie viel m^3 Erde passen in 8 Blumenkästen mit den Maßen $a = 80$ cm, $b = 20$ cm, Füllhöhe 18 cm?
3. Drei Glasbehälter in Würfelform werden mit Deko-Steinchen zu 85 % gefüllt.
   Maße der Würfel: $a_1 = 45$ cm; $a_2 = 38$ cm; $a_3 = 32$ cm.
   Wie viel dm^3 Steinchen werden gebraucht?

16.2.2 Volumenberechnung von spitzen Körpern

Spitze Körper haben keine Deckfläche. **Pyramiden** sind spitze Körper mit eckiger Grundfläche. Spitze Körper mit runder Grundfläche werden **Kegel** genannt.

Pyramide
(Grundfläche z. B. quadratisch, rechteckig, dreieckig, trapezförmig)

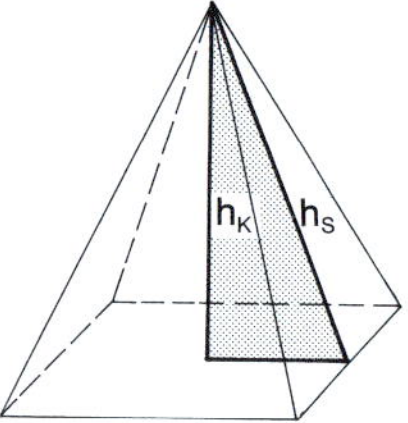

Kegel
(Grundfläche z. B. kreis- oder ellipsenförmig)

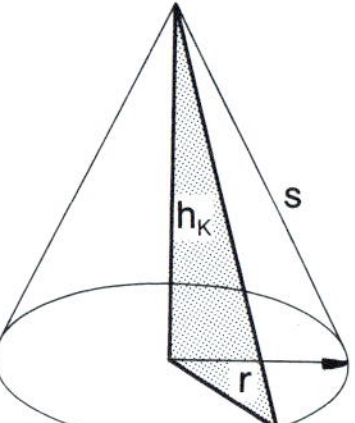

Volumen aller spitzen Körper

$$V = \frac{A \cdot h_K}{3}$$

Anmerkung: Spitze Körper haben ein Drittel des Volumens einer Säule mit gleicher Grundfläche und Höhe.

Lösungshinweis

Erstellen Sie die Berechnungsformeln für die Volumina aller oben aufgeführten Pyramiden und Kegel, indem Sie A durch die Flächenformel ersetzen.

Beispielaufgabe

Für eine Dekoration wird ein Gefäß in Form einer umgekehrten quadratischen Pyramide bepflanzt und auf einen Metallständer gesetzt.
Wie groß ist das Volumen des Gefäßes, wenn die Seite a 45 cm und die Körperhöhe 40 cm misst?
Geben Sie das Volumen in cm^3, Liter und m^3 an.

Lösung

$V = \frac{a^2 \cdot h_K}{3}$

$V = \frac{45\text{ cm} \cdot 45\text{ cm} \cdot 40\text{ cm}}{3}$

$V =$ **27 000 cm³ (27 Liter; 0,027 m³)**

Übungsaufgaben: Spitze Körper (V)

1. Berechnen Sie das Volumen folgender Kegel:
   a) $r = 25$ cm, $h_K = 30$ cm
   b) $d = 42$ cm, $h_K = 8$ dm
   c) $d = 1{,}5$ m, $h_K = 17$ dm
2. Drei umgekehrte Pyramiden mit dreieckiger Grundfläche werden als Raumschmuck auf Ständer gestellt und zu 80 % mit Wasser für schwimmende Rosenblüten gefüllt.
   Wie viel Liter Wasser werden insgesamt gebraucht, wenn die Grundlinie (c) einer Dreieckfläche 50 cm und die Körperhöhe der Pyramide 45 cm beträgt?
3. Als Schmuck vor einer Wand werden 2 kurze und 3 längere schlanke, kegelförmige Gefäße mit der Spitze nach unten an der Zimmerdecke aufgehängt und mit verschiedenen Hängepflanzen bepflanzt. Maße der kurzen Gefäße: $d = 2{,}2$ dm, Körperhöhe 0,55 m; Maße der langen Gefäße: $d = 17$ cm, Körperhöhe 6,7 dm.
   Berechnen Sie das Volumen aller Gefäße zusammen.

16.2.3 Volumenberechnung von stumpfen Körpern

Trennt man von einer Pyramide oder einem Kegel die Spitze ab, entsteht ein **Pyramiden-** bzw. **Kegelstumpf**. Die Deckfläche eines stumpfen Körpers ist kleiner als ihre Grundfläche.

Pyramidenstumpf
(Grund- und Deckfläche
z. B. quadratisch, rechteckig, dreieckig, trapezförmig)

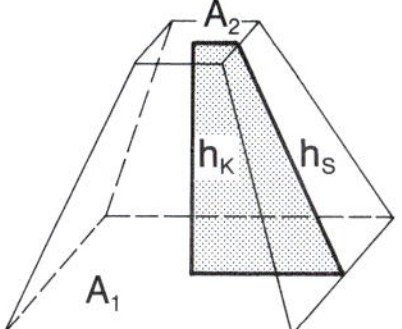

Kegelstumpf
(Grund- und Deckfläche
z. B. kreis- oder ellipsenförmig)

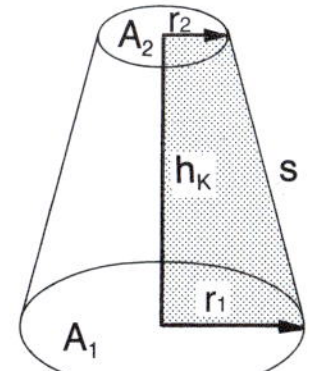

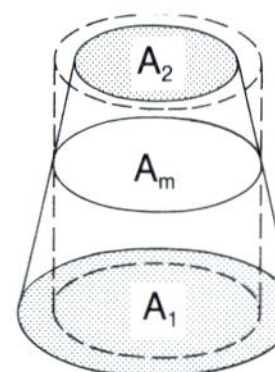

Volumen aller stumpfen Körper

$$V = \frac{A_1 + A_2}{2} \cdot h_K$$

Anmerkung: Es handelt sich bei dieser Formel um eine Näherungslösung. Sie lässt sich auf einfache Weise aus der Volumenformel einer Säule ableiten. Aus der mittleren Fläche des Kegelstumpfes (A_m) wird eine Säule gebildet. Die Formel lautet dann:

$$V = A_m \cdot h_K$$

A_m kann aus $\frac{A_1 + A_2}{2}$ errechnet werden.

Lösungshinweis

Erstellen Sie die Berechnungsformeln für die Volumina aller hier aufgeführten stumpfen Körper, indem Sie A_1 und A_2 durch die entsprechenden Flächenformeln ersetzen.

Beispielaufgabe

Wie viel Liter bzw. Hektoliter Erde fasst ein kegelstumpfförmiger Pflanzkübel mit den Maßen d_1 = 55 cm, d_2 = 38 cm und h_K = 60 cm?

Lösung

$$V = \frac{(r_1{}^2 \cdot \pi) + (r_2{}^2 \cdot \pi)}{2} \cdot h_K$$

$$V = \frac{(2{,}75\text{ dm} \cdot 2{,}75\text{ dm} \cdot \pi) + (1{,}9\text{ dm} \cdot 1{,}9\text{ dm} \cdot \pi)}{2} \cdot 6\text{ dm}$$

$V = 105{,}2983\text{ dm}^3$

$V \approx$ **105,3 Liter (1,053 Hektoliter)**

Übungsaufgaben: Stumpfe Körper (V)

1. Berechnen Sie das Volumen eines Pyramidenstumpfs mit trapezförmiger Grund- und Deckfläche in cm^3 und Liter.
   Maße: a_1 = 40 cm, c_1 = 28 cm, h_1 = 19 cm
   a_2 = 28 cm, c_2 = 16 cm, h_2 = 9 cm
   Körperhöhe = 64 cm.
2. Berechnen Sie das Fassungsvermögen eines pyramidenstumpfförmigen Kompostbehälters mit quadratischer Grund- und Deckfläche. Maße des Kompostbehälters: a_1 = 120 cm, a_2 = 8 dm, h_K = 1,4 m. Geben Sie das Ergebnis in l und hl an.
3. Zum Eintopfen wird für 5000 Töpfe Erde hergerichtet. Maße eines Topfes: d_1 = 14 cm, d_2 = 8 cm, h_K = 11 cm.
   Wie viel Liter Erde werden gebraucht, wenn der Jungpflanzenballen ein Volumen von 15 % einnimmt?

16.2.4 Volumenberechnung der Kugel

Volumen der Kugel

$V = r^3 \cdot \pi \cdot \frac{4}{3}$

Beispielaufgabe

Wie viel Päckchen Frischhaltemittel sind für einen großen, rund gebundenen Strauß nötig, der in eine Kugelvase von 22 cm Durchmesser gestellt wird?
Ein Päckchen Frischhaltemittel reicht für einen Liter Wasser.

Lösung

$V = 1{,}1^3 \cdot \pi \cdot \frac{4}{3}$

$V = 5{,}575\ dm^3$

$V \approx 5{,}6$ Liter

Da die Vase nicht ganz mit Wasser gefüllt wird, reichen **5 Päckchen** Frischhaltemittel aus.

Übungsaufgaben: Kugel (V)

1. Schätzen Sie das Volumen eines aufblasbaren Wasserballs von 40 cm Durchmesser. Berechnen Sie dann das Volumen in Liter.
2. Zur Dekoration werden 90 Glaskugeln zu 95 % mit bunter Flüssigkeit gefüllt. Es werden drei verschiedene Größen verwendet: 50 Kugeln mit einem Durchmesser von je 18 cm, 25 Kugeln von je 12 cm und 15 Kugeln von je 9 cm Durchmesser. Berechnen Sie die gesamte Flüssigkeitsmenge in Liter.
3. Ein halbkugeliges Gefäß mit einem Durchmesser von 108 cm wird mit Erde gefüllt und bepflanzt.
   Wie viel Kubikmeter Erde müssen Sie herrichten?

16.3 Mantel- und Oberflächenberechnung

Der Mantel eines geometrischen Körpers ist die Fläche, die den Körper umgibt. Die Oberfläche schließt den Mantel sowie die Grund- und Deckfläche mit ein.

16.3.1 Mantel- und Oberflächenberechnung von Säulen

- **Mantel**

Wird der Mantel einer Säule abgewickelt, entsteht immer ein Rechteck.

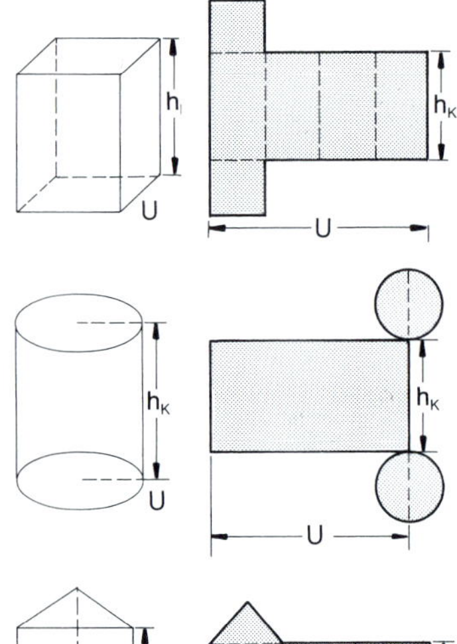

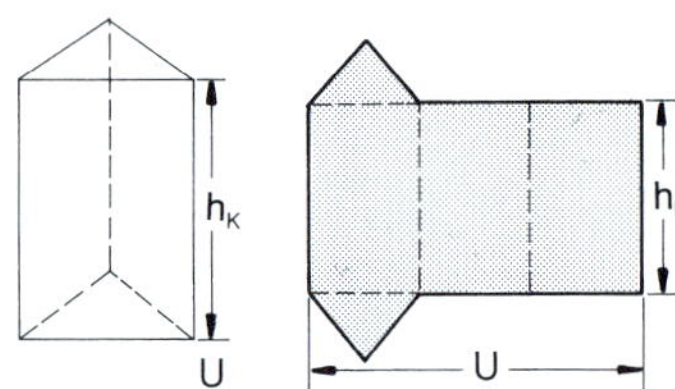

Aus der Flächenformel für das Rechteck wird die **Mantelfläche aller Säulen** abgeleitet:

> Mantel = Umfang · Körperhöhe
>
> $M = U \cdot h_K$

Oberfläche

Die Oberflächenformel für alle Säulen ergibt sich, wenn die Mantelformel durch die Grund- und Deckfläche ergänzt wird.

> Oberfläche = Mantel + Grund- und Deckfläche
>
> $O = M + 2\,A$

Lösungshinweis

Erstellen Sie die Berechnungsformeln für den Mantel und die Oberfläche aller oben aufgeführten Säulen, indem Sie U, A und M durch die entsprechenden Formeln ersetzen.

Beispielaufgabe

Für eine Abschlussprüfung werden zwei schlanke Dreiecksäulen mit Folie beklebt. Die Grundfläche bleibt jeweils frei. Maße einer Säule: Seitenlänge der Grundfläche (a) = 40 cm, Körperhöhe (h_K) = 1,25 m.
Wie groß ist die zu beklebende Fläche in m^2?

Lösung
Höhe des Dreiecks (Grundfläche):

$$h = \sqrt{c^2 - b^2}\,*$$

$$h = 34{,}64\ \text{cm}$$

$$2 \cdot O = 2 \cdot \left(3a \cdot h_K + \frac{g \cdot h}{2}\right)$$

$$2 \cdot O = 2 \cdot \left(3 \cdot 0{,}40\ \text{m} \cdot 1{,}25\ \text{m} + \frac{0{,}40\ \text{m} \cdot 0{,}3464\ \text{m}}{2}\right)$$

$$2 \cdot O = 3{,}13856\ \text{m}^2$$

$$\approx \mathbf{3{,}14\ m^2}$$

* Satz des Pythagoras

16.3.2 Mantel- und Oberflächenberechnung von spitzen Körpern

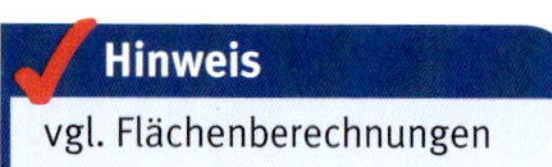

Mantel

Pyramide:

> Mantel = Summe aller Dreieckflächen

Kegel:

$$\text{Mantel} = \frac{\text{Umfang} \cdot \text{Mantellinie}}{2}$$

$$M = \frac{U \cdot s}{2}$$

Oberfläche

Oberfläche für alle spitzen Körper = Mantel + Grundfläche

$$O = M + A$$

Beispielaufgabe

Berechnen Sie die Oberfläche eines Kegels mit folgenden Maßen: d = 42 cm, Mantellinie (s) = 38 cm.

Lösung

$$O = \frac{d \cdot \pi \cdot s}{2} + r^2 \cdot \pi$$

$$O = \frac{42\text{ cm} \cdot \pi \cdot 38\text{ cm}}{2} + 21\text{ cm} \cdot 21\text{ cm} \cdot \pi$$

$$O = 3892{,}433\text{ cm}^2$$

$O \approx$ **$38{,}92\text{ dm}^2$**

$\approx$ **$0{,}39\text{ m}^2$**

16.3.3 Mantel- und Oberflächenberechnung von stumpfen Körpern

Mantel

Pyramidenstumpf:

Mantel = Summe aller Trapezflächen

Kegelstumpf:

$$\text{Mantel} = \frac{\text{großer Umfang} + \text{kleiner Umfang}}{2} \cdot \text{Mantellinie}$$

$$M = \frac{(d_1 \cdot \pi) + (d_2 \cdot \pi)}{2} \cdot s$$

Oberfläche

Oberfläche für alle stumpfen Körper = Mantel + Grund- und Deckfläche

$$O = M + A_1 + A_2$$

Beispielaufgabe

Ein quadratischer Pyramidenstumpf hat folgende Maße: a_1 = 68 cm, a_2 = 40 cm, Seitenhöhe = 50 cm. Berechnen Sie die Oberfläche in m^2.

Lösung

$$O = \frac{a_1 + a_2}{2} \cdot h_s \cdot 4 + {a_1}^2 + {a_2}^2$$

$$O = \frac{68\text{ cm} + 40\text{ cm}}{2} \cdot 50\text{ cm} \cdot 4 + (68\text{ cm} \cdot 68\text{ cm}) + (40\text{ cm} \cdot 40\text{ cm})$$

$O = 17\,024\text{ cm}^2 \triangleq$ **$1{,}7024\text{ m}^2$**

16.3.4 Oberflächenberechnung der Kugel

Abb. 21
Oberflächengestaltung einer Kugel

Für die Oberfläche der Kugel verwendet man die Fläche des größten Querschnittskreises viermal, so lautet die Formel:

Oberfläche = größter Querschnittskreis · 4

$$O = r^2 \cdot \pi \cdot 4$$

Beispielaufgabe

Eine Kugel (Radius 28 cm) wird mit Blättern beklebt. Berechnen Sie die Oberfläche in dm^2 und runden Sie auf eine volle Zehnerzahl auf.

Lösung

$O = 2{,}8\text{ dm} \cdot 2{,}8\text{ dm} \cdot \pi \cdot 4$

$O = 98{,}52034\text{ dm}^2 \approx$ **99 dm^2**

Übungsaufgaben: M + O

1. Der Mantel und die Deckfläche eines ellipsenförmigen Dekorationspodests wird mit Folie bespannt.
   Wie groß ist die zu beklebende Fläche, wenn d_1 80 cm, d_2 64 cm und die Höhe des Podests 32 cm beträgt?
2. Zu Weihnachten werden 42 Deko-Kugeln gleicher Größe mit silbrig-glänzender Farbe gestrichen. Eine Kugel hat einen Radius von 11 cm.
   Wie viel Dosen Farbe werden benötigt, wenn eine Dose für 2,5 m^2 Fläche ausreicht? Bitte runden Sie auf ganze Dosen auf.

3. Ein quadratisches Podest in Form eines Pyramidenstumpfs wird neu gestrichen, die Grundfläche bleibt ohne Farbe. Maße: $a_1 = 80$ cm, $a_2 = 60$ cm, Seitenhöhe = 75 cm.
   Berechnen Sie die Oberfläche.
4. Berechnen Sie die Mantelfläche eines Kegels: Mantellinie (s) 50 cm, Durchmesser der Grundfläche 36 cm.

Vermischte Aufgaben

1. Berechnen Sie das Fassungsvermögen eines Regenwasserbeckens, das 3,5 m lang, 90 cm breit und 1,40 m hoch ist.
2. Wie viel Liter fasst ein Eimer, der 30 cm hoch ist, einen oberen Durchmesser von 28 cm und einen unteren Durchmesser von 22 cm hat?
3. Eine halbkugelige Pflanzschale mit einem Durchmesser von 42 cm wird mit spezieller Erde für Krokuszwiebeln gefüllt.
   Berechnen Sie die Erdmenge in Liter.
4. Zum Umtopfen von 10000 Jungpflanzen werden 11er-Töpfe verwendet. Der obere Durchmesser eines Topfes beträgt 11 cm, der untere Durchmesser 7 cm und die Topfhöhe 9,5 cm. Der Jungpflanzenballen nimmt ein Volumen von 15 % ein. Wie viel Kubikmeter Erde werden gebraucht?
5. Rechts und links des Eingangsbereichs eines Blumengeschäfts sind Pflanzstreifen in einer Breite von 70 cm und einer Länge von 1,8 m für Saisonpflanzen angelegt. Die Erde wird 30 cm tief ausgewechselt und das neue Substrat mit einem Anteil von 1,5 % Bodenaktivator angereichert.
   Welche Menge Bodenaktivator wird gebraucht? Geben Sie das Ergebnis in Liter an.
6. Ein zylindrisches Wasserfass hat ein Fassungsvermögen von 628 Liter. Es ist 80 cm hoch.
   Berechnen Sie den Durchmesser des Fasses.
7. Es sollen Mantel und Deckfläche eines Würfels (a = 75 cm) mit Moos ausgesteckt werden.
   Wie viel Quadratdezimeter sind auszustecken?
8. Wie viel Folienbeutel mit je 5 Liter Inhalt lassen sich mit Kakteensubstrat aus einem Fass von 90 cm Durchmesser und 1,30 m Höhe füllen?
9. Zum Thema „Texturen“ wird in der Berufsschule zum Tag der offenen Tür ein Dekorationsobjekt mit Strukturflächen aus unterschiedlichen Werkstoffen aufgehängt. Das Objekt hat die Form einer regelmäßigen Dreieckpyramide mit einer Seitenlänge von 80 cm, dadurch sind alle Dreieckflächen gleich groß.
   Berechnen Sie eine Strukturfläche und die gesamte Oberfläche dieser Dreieckpyramide.
10. Folgende Gefäße werden zu $\frac{4}{5}$ mit Substrat gefüllt: 3 Balkonkästen je 1 m lang, 20 cm breit und 20 cm hoch; 4 Pflanzgefäße je 80 cm lang, 40 cm breit und 20 cm hoch. 100 Liter Substrat sind noch vorhanden.
    a) Wie viel Substrat muss zugekauft werden?
    b) Wie viel kostet das Substrat insgesamt, wenn für das vorhandene Substrat 12,– € je 50 Liter und für das zugekaufte Substrat 15,– € je 50 Liter berechnet werden?

11. Ein 2,00 m langer und 1,10 m breiter Pflanzkasten soll 30 cm hoch mit Erde aufgefüllt werden. Die Erde dazu befindet sich in einem quadratischen, pyramidenstumpfförmigen Gefäß (a_1 = 130 cm, a_2 = 90 cm, Körperhöhe = 50 cm).
a) Wie viel Liter Erde werden gebraucht?
b) Reicht die vorhandene Erdmenge aus?

12. Eine Kundin lässt 18 Balkonkästen zur Bepflanzung abholen. Länge eines Kastens = 80 cm, Breite = 22 cm, Höhe = 20 cm.
a) Wie viel Liter Erde werden gebraucht?
b) Berechnen Sie den Preis der Bepflanzung insgesamt, wenn 1 m^3 vorgedüngte Blumenerde 82,– € und alle Pflanzen 485,– € kosten. Die Kundin erhält einen Treuerabatt von 5 %.

13. In einem Container (a = 1,20 m, b = 0,80 m, Füllhöhe = 40 cm) befindet sich Anzuchterde. Diese Erde soll in 12er-Töpfe (r_1 = 6 cm, r_2 = 3 cm, Körperhöhe = 12 cm) randvoll umgefüllt werden.
Wie viel 12er-Töpfe können gefüllt werden?

14. Ein offener zylindrischer Behälter wird innen und außen gestrichen. Der Durchmesser beträgt 38 cm, die Körperhöhe 45 cm (die Wanddicke wird nicht berücksichtigt).
Wie viel Quadratmeter sind zu streichen?

15. Zur Bodenverbesserung wird ein Beet mit 4 m Länge und 3 m Breite 20 cm hoch mit einer Mischung aus Sand, Torf und Erde im Verhältnis 4 : 5 : 3 bedeckt.
Wie viel Liter der einzelnen Substrate sind zu beschaffen?

Zusatzaufgabe

zur Aufgabe 16:
Welche Pflanzen würden Sie wählen
a) für den Sommer,
b) für den Herbst?

16. Eine Wanne in Form eines umgedrehten quadratischen Pyramidenstumpfs soll bepflanzt werden und den Eingang eines Kindergartens schmücken.
a) Wie viel Liter Erde werden zum Füllen der Wanne gebraucht, wenn a_1 = 110 cm, a_2 = 90 cm und die Körperhöhe 30 cm beträgt?
b) Passt diese Erdmenge auch in ein zylindrisches Pflanzgefäß mit 80 cm Durchmesser und einer Körperhöhe von 7 dm?

17. Ein Garten-Wasserbecken für einen Quellstein hat die Form eines Zylinders mit einem Innendurchmesser von 2,40 m und einer Tiefe von 0,80 m.
Wie viel Liter Wasser enthält das Becken, wenn es zu $\frac{3}{4}$ gefüllt ist?

18. Eine Kundin lässt folgende Gefäße bepflanzen:

Zylinder:
d = 50 cm | h_K = 30 cm

Gleichseitige Dreiecksäule:
g = 50 cm | h = 43,3 cm | h_K = 50 cm

Sechsecksäule:
a = 25 cm | h = 21,65 cm | h_K = 40 cm

Für alle Gefäße ist eine 6 cm hohe Drainageschicht vorgesehen. Die Erde wird bis 3 cm unter den Rand gefüllt.
Berechnen Sie die benötigte Erdmenge (V) in Liter.

19. Wie viel m^2 beträgt die Oberfläche einer zylindrischen Dekorationssäule von 6 dm Durchmesser und einer Höhe von 1,65 m?

20. Der Mantel eines Kegels wird mit Jutegewebe beklebt. Der Kegel hat einen Radius von 45 cm und eine Mantellinie (s) von 83 cm. Berechnen Sie die zu beklebende Fläche.

21. Um der Schaufenstergestaltung einen weihnachtlichen Charakter zu verleihen, wickeln die Auszubildenden Schachteln in Goldpapier ein und hängen diese auf.
Berechnen Sie die Oberfläche von 12 gleichen Schachteln mit den Maßen 30 cm · 14 cm · 9 cm und rechnen Sie für den anfallenden Verschnitt noch 25 % dazu.

22. Für eine Blumenschau werden folgende Gefäße bepflanzt:
Quadratische Säule: a = 2,15 m, Füllhöhe 15 cm.
Rechtecksäule: a = 4,00 m, b = 1,80 m, Füllhöhe 15 cm.
Zylinder: d = 1,00 m, Füllhöhe 75 cm.
Zylinder: d = 1,60 m, Füllhöhe 35 cm.
Quadratische Säule und Rechtecksäule werden mit Pflanzen zu je 30 cm · 30 cm Platzbedarf bepflanzt; eine Pflanze kostet 2,80 €. Die beiden Zylinder erhalten Pflanzen für insgesamt 147,60 €. Ein Sack torffreie Blumenerde (70 l) wird für 19,– € angeboten.
a) Wie viel Sack Torf werden gebraucht?
b) Wie viele Pflanzen werden jeweils für die quadratische Säule und die Rechtecksäule benötigt?
c) Berechnen Sie die Gesamtkosten des Auftrags (ohne Lohnkosten).

23. Eine Kundin bringt ihre Gefäße zum Bepflanzen.
Balkonkasten: 3 Stück; Maße: 80 cm lang, 20 cm breit und 18 cm hoch.
Quadratische, pyramidenstumpfförmige Gefäße: 2 Stück; Maße: a_1 = 25 cm, a_2 = 40 cm, Körperhöhe 30 cm.
Jeder Balkonkasten bekommt 5 Pflanzen, jeder Pyramidenstumpf 3 Pflanzen. Ein Pflanzenballen hat ein Volumen von 750 cm³. Wie viel Liter Erde werden noch gebraucht, um alle Gefäße auffüllen zu können?

24. Eine Kugel von 70 cm Durchmesser soll zu $\frac{1}{3}$ mit blauer und zu $\frac{2}{3}$ mit gelber Farbe gestrichen werden.
Wie viel cm² Fläche nehmen die Farben jeweils ein?

25. Für die mediterrane Woche werden 40 würfelförmige Gefäße mit verschiedenen Kräutern zu 22,– € je Gefäß bepflanzt. Ein Würfel hat eine Seitenlänge von 30 cm; der Verkaufspreis für ein Gefäß beträgt 9,80 €. Das Substrat wird in Big Bags zu je 60 cm · 60 cm · 60 cm zu einem Preis von 72,– € gehandelt.
a) Berechnen Sie die Materialkosten für eine Bepflanzung, wenn man, durch die Pflanzenballen bedingt, mit einem Erdvolumen von 75 % je Gefäß rechnet.
b) Wie viele Big Bags Substrat müssen bestellt werden?

26. In einem Bankgebäude sollen 12 Hydrogruppen aufgestellt werden. Eine Gruppe besteht aus einer quadratischen Säule (a = 80 cm, Körperhöhe = 40 cm), einem Rechteckquader (a = 100 cm, b = 55 cm, Körperhöhe = 65 cm) und einem Zylinder (r = 35 cm, Körperhöhe = 65 cm). Die Pflanzen für eine Gruppe kosten 360,– €. Alle Gefäße werden bis 4 cm unter dem Rand mit Tongranulat gefüllt, von welchem 50 Liter 19,90 € kosten.
a) Wie viel 50-Liter-Packungen müssen für 12 Hydrogruppen bestellt werden?
b) Wie viel kostet der Gesamtauftrag, wenn noch 420,– € Lohnkosten anfallen?

Merksätze

- Die Basiseinheit für die Körperberechnung ist der Kubikmeter (m³).
- Die gesamte Flächenberechnung ist Grundlage für die Körperberechnung.
- „Volumen“ ist der Rauminhalt (z. B. Kubikmeter oder Liter).
- „Mantel“ ist die Fläche, die einen Körper umgibt.
- Die „Oberfläche“ beinhaltet die Mantel- sowie die Grund- und Deckfläche des Körpers.
- Man unterscheidet „Säulen“, „spitze Körper“ und „stumpfe Körper“:
  - Säulen: Die Grund- und Deckfläche ist gleich.
  - Spitze Körper haben keine Deckfläche.
  - Stumpfe Körper haben eine große Grund- und eine kleine Deckfläche gleicher Form.
- Immer gleiche Lösungsschritte erleichtern die Rechnung:
  - Gesuchte Größe isolieren.
  - Allgemeine Formel für die gesuchte Größe aufschreiben.
  - Benötigte Flächen- bzw. Umfangsformel einsetzen.
  - Werte in die gesuchte Einheit umwandeln und in die Formel einsetzen.
  - Endergebnis evtl. runden.
- Anwendungsgebiete sind z. B. das Berechnen von Substratbedarf für verschiedene Pflanzgefäße und des Bedarfs an Trockenmaterialien, Farben, Folien und Stoffen für Dekorationselemente.

17 Betriebswirtschaftliches Rechnen

▶ Es gibt zahlreiche Portale für den Online-Blumenversand, dadurch entsteht ein harter Konkurrenzkampf um den günstigsten Strauß. Die Anbieter müssen scharf kalkulieren, um bestehen zu können. Verfolgt man die Kundenrezensionen im Internet, sind oft die Bequemlichkeit und der niedrige Preis für einen Online-Kauf ausschlaggebend.
Lesen Sie Kundenäußerungen zu diesem Thema im Internet und bilden Sie sich Ihre eigene Meinung. Oder wollen Sie eine Test-Bestellung abschicken und den gelieferten Strauß mit den Preisen und der Qualität in Ihrem Betrieb vergleichen?

In erster Linie ist neben der Produktqualität die Kosten- und Leistungsrechnung ein wichtiger Bereich des betrieblichen Rechnungswesens; sie gibt einen Überblick über die Rentabilität des Betriebs.

17.1 Betriebliche Ausgaben

Den Verbrauch von Werten innerhalb eines bestimmten Zeitraums nennt man **Aufwand**; dazu gehören z. B. Arbeitsleistung, Waren, Abschreibungen von Wirtschaftsgütern, Miete, Zinsen und Energie. Unter **Ausgaben** versteht man den gesamten Zahlungsverkehr eines Betriebs, also den Geldausgang. Zu den **Kosten** zählen betriebsnotwendige Aufwendungen für die Leistungserstellung, z. B. Herstellung und Verkauf von Blumensträußen oder das Erbringen einer Dienstleistung, wie z. B. eine Saaldekoration.

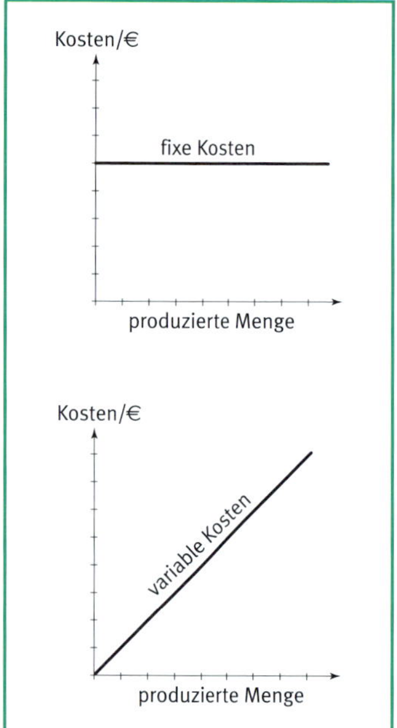

Abb. 22
Fixe und variable Kosten

17.1.1 Fixe und variable Kosten

Durch die Erfassung von Kostenarten erhalten Geschäftsführende wichtige Erkenntnisse darüber, ob das Unternehmen gewinnbringend aufgestellt ist.

Eine wichtige Untergliederung ist die Einteilung in feste, d. h. immer gleich bleibende Kosten (Fixkosten) und veränderliche, d. h. mengenabhängige Kosten (variable Kosten).

Fixe Kosten
(feste Kosten)

Von der Produktionsmenge unabhängig, wie z. B. Raummiete, Abschreibungen, Versicherungen, Personalkosten in der Verwaltung, Kfz-Steuer und -Versicherung
= Kosten der Betriebsbereitschaft.

Variable Kosten
(veränderliche Kosten)

Von der Produktionsmenge abhängige und damit wechselnde Kosten, wie z. B. Materialkosten (Menge an Blumen), Fertigungskosten, Energiekosten, Beschäftigtenkosten (Aushilfslöhne für die Adventssaison).
= Kosten, die anfallen, wenn produziert wird.

Übungsaufgaben zu 17.1.1

1. Erläutern Sie die beiden Schaubilder (Abb. 22: Fixe und variable Kosten).
2. Der Buchhaltung der Firma Blumen-Schön entnehmen wir für das abgelaufene Geschäftsjahr folgende Kosten:

Kostenart	Betrag
Personalkosten	76 000,– €
Miete für Geschäftsräume	16 200,– €
Sachkosten für Geschäftsräume	4 050,– €
Steuern und Abgaben	10 800,– €
Sachkosten für Werbung	13 500,– €
Abschreibung	8 100,– €
Sonstige Geschäftsausgaben	4 050,– €
Sonstige Kosten	2 700,– €

   a) Wie hoch ist der Anteil der einzelnen Kostenarten an den Gesamtkosten in Prozent?
   b) Stellen Sie die ermittelten Werte in Form eines Kreisdiagramms dar (360° = 100 %).
3. Die Einrichtung eines Kühlraums für Blumen im Wert von 9800,– € wird über ein Darlehen finanziert. Die jährliche Verzinsung beträgt 6,8 %; die Laufzeit wird auf 5 Jahre festgesetzt.
   Wie hoch sind die Festkosten an Zinsen im 1. Jahr?

17.1.2 Die Abschreibung

Wirtschaftsgüter, die einen Nettowert (ohne USt.) unter 250,– € haben, können sofort als Aufwand gebucht werden. Geringwertige Wirtschaftsgüter (selbstständig nutzbare Wirtschaftsgüter) mit einem Wert zwischen 250,– € und 800,– € können im Anschaffungsjahr zu 100 % oder bis 1000,– € auch als Pool (Sammelposten) zu $\frac{1}{5}$ jährlich über 5 Jahre abgeschrieben werden. Die Anschaffungskosten anderer Wirtschaftsgüter über 1000,– € werden entsprechend ihrer Nutzungsdauer (Schätzwert) jährlich um einen bestimmten Prozentsatz (linear oder degressiv) herabgesetzt, höchstens jedoch 25 % jährlich.

Info
Download von AfA-Tabellen beim Bundesfinanzministerium.
AfA = Absetzung für Abnutzung (Abschreibung)

Lineare Abschreibung

Dieses Abschreibungsverfahren wird am häufigsten angewandt. Dabei werden gleichbleibende Beträge jährlich vom Anschaffungs- und ab dem 2. Jahr vom Restwert über die Zeit der Nutzung abgezogen.

Beispiel:
Eine Rosenentdornmaschine kostet 1290,– €. Ihre voraussichtliche Nutzungsdauer beträgt 5 Jahre. Für die lineare Abschreibung werden 20 %, das sind jährlich 258,– €, festgesetzt. Nach 5 Jahren ist die Maschine abgeschrieben; ihr Wert ist gleich Null.

Degressive Abschreibung

Beim degressiven Abschreibungsverfahren wird ein bestimmter Prozentsatz der Abschreibung vom Anschaffungswert und ab dem 2. Jahr vom Restwert abgezogen; die jährlichen Abschreibungsbeträge verringern sich.

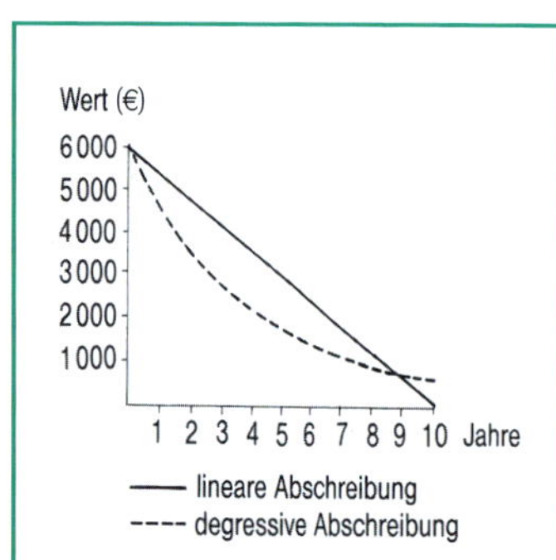

Abb. 23
Lineare und degressive Abschreibung: Auswirkungen auf den Restwert

Auswirkung der Abschreibungsverfahren im Vergleich

	Lineare Abschreibung (10 % vom Anschaffungswert)	**Degressive Abschreibung (20 % vom Restwert)**
Anschaffungswert	6000,– €	6000,– €
Abschreibung 1. Jahr	600,– €	1200,– €
Restwert	5400,– €	4800,– €
Abschreibung 2. Jahr	600,– €	960,– €
Restwert	4800,– €	3840,– €
Abschreibung 3. Jahr	600,– €	768,– €
Restwert	4200,– €	3072,– €
Abschreibung 4. Jahr	600,– €	614,– €
Restwert	3600,– €	2458,– €
Abschreibung 5. Jahr	600,– €	492,– €
Restwert	3000,– €	1966,– €
Abschreibung 6. Jahr	600,– €	393,– €
Restwert	2400,– €	1573,– €
Abschreibung 7. Jahr	600,– €	315,– €
Restwert	1800,– €	1258,– €
Abschreibung 8. Jahr	600,– €	252,– €
Restwert	1200,– €	1006,– €
Abschreibung 9. Jahr	600,– €	201,– €
Restwert	600,– €	805,– €
Abschreibung 10. Jahr	600,– €	161,– €
	–	644,– €*

* Dieser Restwert wird im letzten Jahr mit abgeschrieben.

Übungsaufgaben zu 17.1.2

1. Wie hoch ist der Prozentsatz bei linearer Abschreibung einer Kranzbindemaschine, deren Nutzungsdauer auf 6 Jahre festgelegt wird? Ihr Anschaffungswert beträgt 2070,– €.
   Berechnen Sie die jährliche Absetzung für Abnutzung in €.
2. Berechnen Sie die pauschalen Abschreibungssätze (%) für folgende Wirtschaftsgüter bei linearer Abschreibung: Geschäftshaus (Nutzungsdauer 50 Jahre); Lieferwagen (Nutzungsdauer 8 Jahre); Geschäftsausstattung (Nutzungsdauer 10 Jahre); Faxgerät (Anschaffungswert 395,– €).
3. Der Anschaffungspreis eines mobilen Verkaufstisches (3960,– €) soll degressiv über eine Dauer von 8 Jahren abgeschrieben werden.
   a) Berechnen Sie die einzelnen Stufen.
   b) Wie hoch ist die Abschreibung im letzten Jahr?

17.2 Die Kalkulation

Unter Kalkulation versteht man die aus betriebswirtschaftlicher Sicht anfallenden Kosten zu berechnen und zu erfassen, um die Verkaufspreise für Waren und Dienstleistungen zu ermitteln. Um konkurrenzfähig zu bleiben, muss genau kalkuliert werden.

Definition
lat.: calculator = Rechenmeister

Floristikbetriebe sind keine reinen Handelsbetriebe. Viele der angebotenen Waren werden vor dem Verkauf manipuliert, d. h. veredelt (z. B. Zusammenstellen von Gestecken, binderische Arbeiten, Herstellen von Kränzen). Außerdem führt der Floristikbetrieb auch Dienstleistungen aus (Dekorationen, Einpflanzen von Schalen, Blumengrußvermittlung). Die Handelskalkulation ist nur bedingt anwendbar, daher wird im Folgenden auf die einfache Bezugskalkulation und Verkaufskalkulation sowie auf die Kostenaufstellung für das Werkstück der Komplexen Prüfungsaufgabe eingegangen.

17.2.1 Einfache Bezugskalkulation

Die Bezugskalkulation beantwortet die Frage:

- **Wie viel kostet die Ware, bis sie im Floristikgeschäft ist?**

Beispielaufgabe

Die Blumenzentrale Grün bezieht eine Sendung Keramik zum Listenpreis (Warenwert ohne USt.) von 1390,– € und erhält beim Lieferanten 18% Mengenrabatt und 2% Skonto. Für Bezugskosten (Versicherung der Ware und Fracht) fallen noch 240,– € an.

Listeneinkaufspreis/Warenwert	1390,00 €
– Rabatt 18%	250,20 €
Zieleinkaufspreis	1139,80 €
– Skonto 2%	22,80 €
Bareinkaufspreis	1117,00 €
+ Bezugskosten	240,00 €
Bezugspreis/Einstandspreis	**1357,00** €

Hinweis
Vgl. Rechnen mit Rabatt, Skonto, Umsatzsteuer ab Seite 52.

Anmerkungen:

- Üblicherweise ist in der Warenpreisliste für Betriebe keine Umsatzsteuer enthalten (Listenpreis). Handelt es sich um einen Brutto-Listeneinkaufspreis einschließlich Umsatzsteuer, muss diese vor der Rabattberechnung abgezogen werden.
- Bezugskosten können entweder als €-Betrag angegeben oder in Prozent vom Bareinkaufspreis ermittelt werden. Eigene Fahrtkosten sind auch Bezugskosten. Fallen z. B. keine Bezugskosten an, endet die Berechnung in der Zeile Bareinkaufspreis, der dann dem Bezugspreis entspricht.
- Das Prinzip der Rückwärtsrechnung (vom Bezugspreis zum Listenpreis) wird im Abschnitt 10.3 erklärt.

Vorwärts- und Rückwärtskalkulation:
Prozentrechnen mit vermehrtem und vermindertem Grundwert

Übungsaufgaben zu 17.2.1

1. a) Erstellen Sie das Rechenschema und berechnen Sie die Kosten für Kerzen zu einem Listenpreis (ohne USt.) von 676,– €. Es werden 24 % Rabatt, 3 % Skonto und 26,50 € für ein Express-Paket berücksichtigt.
   b) Wie hoch ist der Bezugspreis pro Karton Kerzen, wenn 6 preisgleiche Einheiten bestellt werden?
2. Folgende Artikel werden bei einem Floristikbedarfshändler bestellt: Porzellanschalen für insg. 956,– €, Übertöpfe für insg. 280,– €, Bänder für insg. 350,– €, Draht für insg. 156,– € und Steckmasse für insg. 170,– €. Nur für die Gefäße gibt es 20 % Rabatt, für alle Artikel 3 % Skonto. Es fallen keine weiteren Bezugskosten an.
   a) Berechnen Sie den Bezugspreis für die einzelnen Artikel.
   b) Wie hoch ist der Bezugspreis insgesamt?
3. Berechnen Sie den eigentlichen Warenpreis einer Lieferung Schnittblumen (Listeneinkaufspreis), wenn als Bezugspreis 768,– € kalkuliert wurden. Es werden 12 % Rabatt, 3 % Skonto und Transportkosten von 58,– € zu Grunde gelegt (Rückwärtskalkulation).

17.2.2 Einfache Verkaufskalkulation

Die Verkaufskalkulation beantwortet die Frage:

- **Wie viel muss die Ware kosten, wenn sie im Floristikgeschäft verkauft wird?**

Die Keramikwaren aus der Bezugskalkulation (s. Beispielaufgabe Seite 101) werden nach Erhalt ausgepackt, geprüft, sortiert und verkaufsfertig mit Preisschildern versehen in Regale und ins Schaufenster geräumt. Das verursacht weitere Kosten (= Gemeinkosten), die auf den Bezugspreis aufgeschlagen werden müssen. Auch das Versorgen der Ware im Lager und das Aufbewahren selbst (z. B. Ordnen der Ware, gelegentlich säubern, anteilige Raummiete) kostet Geld (= Lagerzins).

Schnittblumen und Topfpflanzen müssen nach dem Bezug ebenfalls versorgt und für den Verkauf, z. B. für Gestecke oder Sträuße, weiter verarbeitet werden. Lagerzinsen sind für Schnittblumen unbedeutend, dafür fallen relativ hohe Lohnkosten für das Herstellen von Werkstücken an.

Schließlich ist auch für die Existenz eines Betriebs und für Geschäftsführende die Berechnung eines prozentualen Gewinnanteils bei jeder Kalkulation notwendig (vgl. Kalkulationsschema Seite 103).

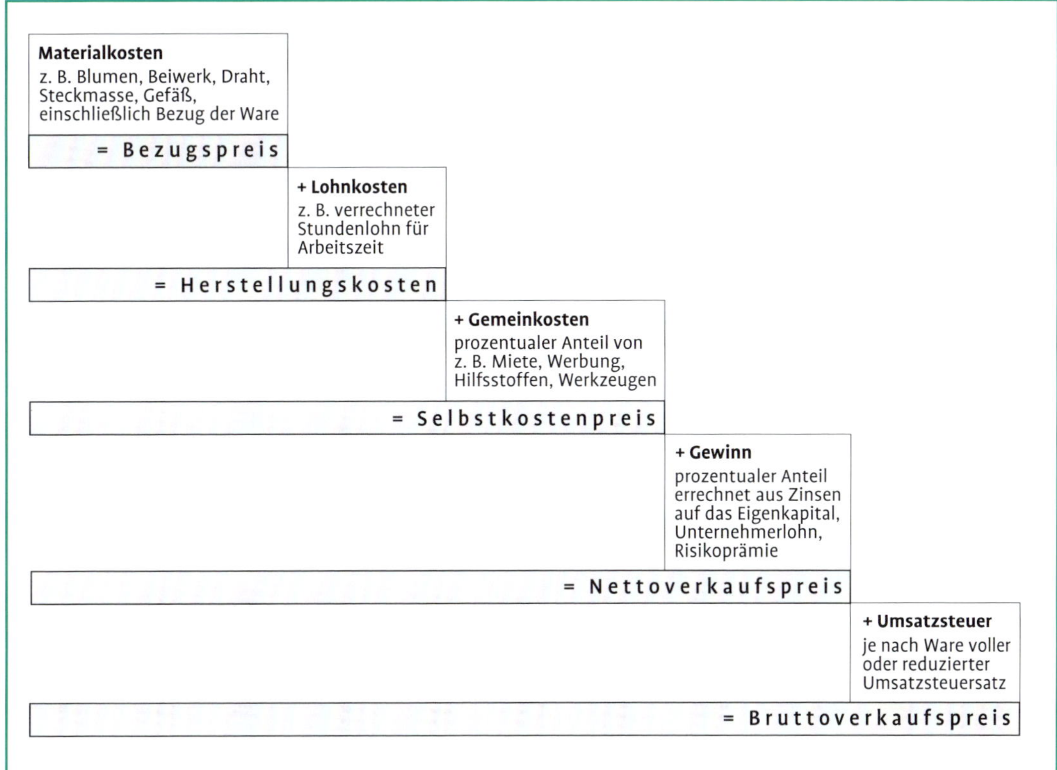

Die Waren- und Lohnkosten sind **direkte Kosten**, weil sie dem anzufertigenden Erzeugnis direkt zugerechnet werden können. Gemeinkosten sind deshalb **indirekte Kosten**, weil sie nicht speziell einem Produkt oder einer Dienstleistung zugeschlagen werden können.

Vereinfachtes Schema der **Verkaufskalkulation von floristischen Werkstücken**:

  Bezugspreis = Materialkosten o. USt.
\+ Lohnkosten

  Herstellungskosten
\+ Gemeinkosten

  Selbskostenpreis
\+ Gewinn

  Nettoverkaufspreis
\+ Umsatzsteuer

Bruttoverkaufspreis = Ladenpreis eines Werkstücks

Anmerkungen:

- Werden dem Kunden Skonto und Rabatt gewährt, müssen diese Nachlässe vor Berechnen der Umsatzsteuer zugeschlagen werden:

(…)		
Nettoverkaufspreis	98 %	100 %
+ Kundenskonto 2 %	2 %	
Zielverkaufspreis	90 %	100 %
+ Kundenrabatt 10 %	10 %	
Bruttoverkaufspreis (ohne USt.)		
+ Umsatzsteuer		
Bruttoverkaufspreis (einschl. USt.) = Ladenpreis		

- Beim Berechnen von Kundenskonto und Kundenrabatt wird die Rechnung auf Hundert angewandt.
- Auch bei der Verkaufskalkulation kann vom Ladenpreis ausgehend rückwärts zum Bezugspreis gerechnet werden.

Beispielaufgabe

Für einen Strauß werden Blumen zum Bezugspreis (Einstandspreis) von 27,– € verarbeitet. Die verrechneten Lohnkosten für das Binden des Straußes betragen 6,20 €. Für Gemeinkosten werden 22 %, Gewinn 32 % und Umsatzsteuer 7 % zugeschlagen.
Wie viel Euro bezahlt der Kunde für den Strauß?

Bezugspreis der Blumen o. USt.	27,00 €
+ Lohnkosten	6,20 €
Herstellungskosten	33,20 €
+ Gemeinkosten 22 %	7,30 €
Selbstkostenpreis	40,50 €
+ Gewinn 32 %	12,96 €
Nettoverkaufspreis	53,46 €
+ Umsatzsteuer 7 %	3,74 €
Bruttoverkaufspreis = Ladenpreis	**57,20 €**

Übungsaufgaben zu 17.2.2

1. Für Sarg- und Kapellenschmuck wird folgendes Material verarbeitet: Schnittblumen für 226,– €, Grün für 85,– € und Hilfsmittel für 38,– €. Zwei Floristinnen arbeiten jeweils 50 Minuten. Eine Stunde wird mit 48,– € kalkuliert.
   Wie hoch ist der Bruttoverkaufspreis, wenn 32 % Gemeinkosten, 20 % Gewinn und 7 % Umsatzsteuer berechnet werden?
2. Ermitteln Sie die Herstellungskosten eines Brautstraußes, wenn der Bruttoverkaufspreis einschließlich 7 % Umsatzsteuer 89,– € beträgt. Es wurde mit 28 % Gewinn und 35 % Gemeinkosten gerechnet (Rückwärtskalkulation).
3. Ein Partyraum wird geschmückt. Dazu benötigt Floristin Antje folgendes Material:
   Drei Blumenständer mit jeweils 21 Rosen zu je 2,10 €, 32 Freesien zu je 1,40 € und Beiwerk zu 8,60 €.
   Sechs Gestecke mit jeweils 9 Rosen, 12 Freesien (Preise s. o.) und Beiwerk zu 5,50 €.
   Eine Floristin arbeitet 70 Min. (18,80 €/Std.), zwei Auszubildende arbeiten je 45 Min. (9,20 €/Std.). Es wird mit 38 % Gemeinkosten, 22 % Gewinn und 7 % Umsatzsteuer gerechnet.
   a) Berechnen Sie den Endpreis.
   b) Berechnen Sie den Überweisungsbetrag, wenn die Kundin noch 2 % Skonto vom Endpreis (Rechnungsbetrag) abzieht.

17.2.3 Kalkulationsaufschlag und Kalkulationsfaktor

Bei größeren Sortimenten wie in Blumengeschäften kann nicht jeder Artikel einzeln kalkuliert werden. Die Verkaufspreise werden in einem Rechenvorgang ermittelt, indem sämtliche Kosten gleichmäßig auf die Waren verteilt werden. Man greift auf den Kalkulations**aufschlag** (%-Angabe) oder den Kalkulations**faktor** (Zahl als Multiplikator) zurück.

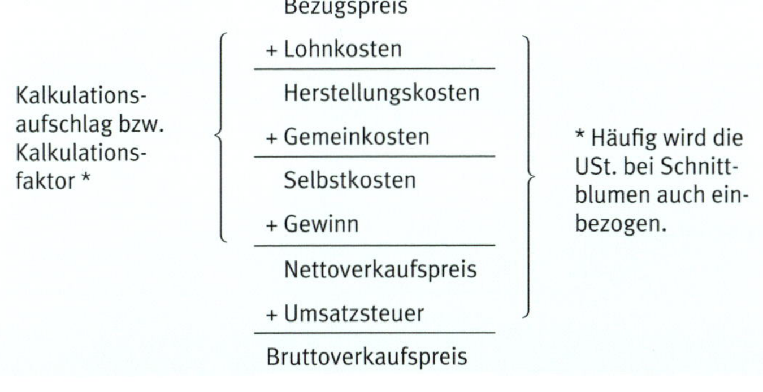

Kalkulationsaufschlag (KA)

Der Kalkulationsaufschlag gibt an, welcher Prozentsatz dem Bezugspreis zugeschlagen wird, um den Verkaufspreis zu erhalten. Hierfür muss zunächst der Rohgewinn ermittelt werden:

Verkaufserlös (brutto)
– Wareneinsatz (Bezugspreis)
= Rohgewinn

Am Beispiel des kalkulierten Straußes (s. Seite 104) wird wie folgt gerechnet:

Verkaufserlös (brutto)	57,20 €
– Wareneinsatz (Bezugspreis)	27,00 €
= Rohgewinn	30,20 €

Probe (KA)
Bezugspreis 27,– €
+ 111,852 % = 57,20 €
Verkaufspreis

Wird der Rohgewinn als Prozentanteil des Wareneinsatzes (Bezugspreis) ermittelt, entspricht das Ergebnis dem Prozentsatz des Kalkulationsaufschlags:

Wareneinsatz	27,00 € = 100 %
Rohgewinn	30,20 € = x %

$$\frac{100\ \% \cdot 30{,}20\ €}{27{,}00\ €} = \mathbf{111{,}852\ \%}$$

Kalkulationsfaktor (KF)

Probe (KF)
Bezugspreis 27,– € · 2,1185
= 57,20 € Verkaufspreis

Der Kalkulationsfaktor gibt an, mit welcher Zahl der Bezugspreis multipliziert werden muss, um den Verkaufspreis zu erhalten. Er wird für den Strauß (s. o.) ermittelt, indem der Bruttoverkaufserlös (Ladenpreis) durch den Wareneinsatz dividiert wird:

$$\frac{\text{Verkaufserlös (brutto)} \quad 57{,}20\ €}{\text{Wareneinsatz (Bezugspreis)} \quad 27{,}00\ €} = \mathbf{2{,}1185}$$

Weitere Sträuße dieser Größenordnung können einschließlich aller Kosten mit einem KA von 111,852 % gerechnet oder mit dem Faktor (KF) 2,1185 multipliziert werden. Ein anteiliger Kalkulationsaufschlag oder Kalkulationsfaktor ohne Lohnkosten ist für alle Frischblumenarbeiten anwendbar; die Lohnkosten für das Werkstück werden dann gesondert berechnet.

Üblicherweise werden die Verkaufspreise für frisch eingetroffene Waren mit dem Kalkulationsfaktor errechnet.

Beispiele:

	Bezugspreis/St. Euro	KF	Verkaufspreis/St. Euro (gerundet)
Rose (Schnitt)	1,31	3,2	4,20
Santini (Schnitt)	0,84	3,2	2,70
Heliconie (Schnitt)	2,97	3,2	9,50
Topfpflanze	2,34	3,5	8,20
Keramik	5,21	2,8	14,60

Übungsaufgaben zu 17.2.3

1. Neu eingetroffene Callas zum Bezugspreis von je 1,24 € werden für 4,20 € das Stück ausgezeichnet.
   Berechnen Sie den Kalkulationsaufschlag und Kalkulationsfaktor.
2. Das Blumengeschäft Stork hat für die verschiedenen Sortimentsteile getrennte Kalkulationsfaktoren ermittelt (s. Tabelle Seite 106).
   Berechnen Sie die Ladenpreise für folgende Waren:
   Kaktee, Bezugspreis 6,70 €; Keramikvase, Bezugspreis 19,– €; Rosenstrauß, Bezugspreis 14,– €.
   Stellen Sie die ermittelten Preise in einer Tabelle zusammen.
3. Berechnen Sie Kalkulationsaufschlag und Kalkulationsfaktor folgender Waren aus dem Floristiksortiment:
   a) Übertopf, Bezugspreis 4,90 €, Verkaufspreis 8,10 €;
   b) Strelitzie, Bezugspreis 4,64 €, Verkaufspreis 11,80 €;
   c) Vase, Bezugspreis 23,65 €, Verkaufspreis 43,80 €.

17.2.4 Werkstückkalkulation zur Abschlussprüfung

Die Prüfungsverordnung schreibt für die Komplexe Prüfungsaufgabe auch das Erstellen einer Kalkulationsliste für die pflanzlichen und nichtpflanzlichen Werkstoffe sowie der sonstigen Kosten vor. Im eigentlichen Sinne handelt es sich hierbei um eine Kostenaufstellung für den Verkauf.

Aufgabe:

Erstellen Sie selbst eine Tabelle für Ihre Kostenaufstellung am PC nach dem Vorbild auf Seite 108 und füllen Sie diese zur Übung aus. Verwenden Sie dazu das abgebildete Werkstück (Abb. 24) oder einen Kundenauftrag aus Ihrem Ausbildungsbetrieb. Vergleichen Sie dann in der Klasse Ihre Preise. Achten Sie beim Ausfüllen der Stückzahlen und €-Beträge auf die rechtsbündige Anordnung, damit alle Zahlen übersichtlich untereinander stehen; die Bezeichnungen der Werkstoffe werden linksbündig angeordnet.

Abb. 24
Gefäßfüllung/Werkstückkalkulation

LISTE UND KALKULATION ZUR KOMPLEXEN PRÜFUNGSAUFGABE

Pflanzliche und nichtpflanzliche Werkstoffe

Menge	Bezeichnung pflanzlicher Werkstoffe, Gattung, Art, Sorte Benennung der nichtpflanzlichen Werkstoffe	Farbe	Einzelpreis/ Verkauf in €	Gesamtpreis/ Verkauf in €

Hilfsmittel

Menge	Benennung			

Sonstige Kosten (Arbeitszeit, Zustellung, Leihgebühr u. a.)

Menge	Art der Kosten/Benennung		
		Gesamtkosten/Verkaufspreis in Euro:	

Vermischte Aufgaben

1. Erstellen Sie ein durchgängiges Schema mit allen Begriffen zur Bezugs- und Verkaufskalkulation. Markieren Sie das Ende der Bezugskalkulation und den Anfang der Verkaufskalkulation.
2. Der Gärtnereiverband bestellt für die Ehrung von Mitgliedern 5 gleichartige Sommersträuße. Der Bezugspreis der Werkstoffe für einen Strauß beträgt 20,90 €. Zum Binden aller Sträuße benötigt eine Auszubildende 1 Stunde und 15 Minuten. Der verrechnete Stundensatz beträgt 24,40 €, der Gemeinkostenaufschlag 35 % und der Gewinnaufschlag 20 %. Es wird mit dem ermäßigten Umsatzsteuersatz kalkuliert.
   Wie hoch ist der Bruttoverkaufspreis dieses Auftrags?
3. Ermitteln Sie die Materialkosten einer Saaldekoration, wenn folgende Angaben zu Grunde liegen: Lohnkosten insgesamt 160,– €, Gemeinkosten 70 %, Gewinn 22 % und Umsatzsteuer 7 %. Der Bruttoverkaufspreis einschließlich Umsatzsteuer betrug 2086,03 € (Rückwärtskalkulation).
4. Der Einkaufspreis (Bezugspreis) der Blumen, des Beiwerks und einer Karte für einen Kondolenzstrauß beträgt insgesamt 33,20 €. Zum Binden des Straußes braucht Uwe 15 Minuten; der verrechnete Aushilfs-Stundenlohn beträgt 18,80 €. Die Gemeinkosten betragen 38 %, der Gewinn 25 % und die Umsatzsteuer 7 %.
   Berechnen Sie den Ladenpreis des Kondolenzstraußes.
5. Das Blumengeschäft Stork möchte das Sortiment an Glasvasen erweitern und die Qualität und damit die Preisklasse für anspruchsvolle Kunden anheben. Zwei unterschiedliche Glasgefäße stehen zum Verkauf:
   a) Eine Vase hat im Einkauf 62,93 € gekostet. Sie wird mit 120 % Kalkulationsaufschlag und 19 % Umsatzsteuer ausgezeichnet. Wie hoch ist der Verkaufspreis?
   b) Die andere Vase kostet im Verkauf 98,20 €. Auch sie wurde mit 120 % Kalkulationsaufschlag und 19 % Umsatzsteuer kalkuliert. Wie hoch ist der Bezugspreis (Einkaufspreis)?
   c) Wie hoch ist der Kalkulationsfaktor (einschl. Umsatzsteuer) für beide Vasen? Geben Sie das Ergebnis mit 3 Kommastellen an.
6. Stork erweitert ebenfalls sein Sortiment an Grußkarten. Folgende Angebote liegen vor:
   Händler A: Bei Abnahme ab 100 Karten kostet das Stück 1,05 €; er gewährt 8 % Rabatt und 2 % Skonto.
   Händler B: Verpackungseinheit 50 Stück zu je 48,– € und 3,40 € Versandkostenanteil.
   a) Welcher Händler macht das günstigere Angebot bei einer Abnahme von 250 Karten (Berechnung ohne USt.)? Vergleichen Sie den Stückpreis.
   b) Berechnen Sie den Verkaufspreis einer Karte vom günstigsten Angebot, wenn mit 140 % Kalkulationsaufschlag und 19 % Umsatzsteuer gerechnet wird.
7. In einem Floristikbetrieb wird mit einem anteiligen Kalkulationsfaktor von 1,75 gerechnet. Der Betriebsstundenlohn beträgt 58,– €.
   a) Wie teuer ist ein Sommerstrauß (Fertigstrauß), der zu 12,40 € bezogen wurde? Die angewandte Verkaufszeit beträgt 5 Minuten.

Zusatzinformation

zur Aufgabe 4:
Kondolenzstrauß=Beileidstrauß, der in das Trauerhaus geliefert wird; oft in Weiß/Grün mit Trauerflor.

b) Wie teuer wird ein Trauerkranz, bei dem für 55,– € Material und 100 Minuten Arbeitszeit eingesetzt wurden?

c) Für eine Saaldekoration werden Waren zum Bezugspreis von 690,– € benötigt. Die Arbeitszeit beträgt 6,5 Stunden. Berechnen Sie den Endpreis.

8. Flormarkt Roth bestellt beim Floristikbedarfshändler Steckschalen aus Glas. Der Listeneinkaufspreis (ohne USt.) für eine Glasschale beträgt 2,80 €. Roth erhält einen Einkaufsrabatt von 12 %. Die Bezugskosten für eine Schale betragen 48 Cent. Für den Verkauf im Laden kalkuliert Roth mit 70 % Gemeinkosten, 20 % Gewinn und 19 % Umsatzsteuer (Gefäße sind Handelswaren = voller Umsatzsteuersatz).
Berechnen Sie den Verkaufspreis für eine Steckschale.

9. Schöne *Phalaenopsis*-Pflanzen werden für 6,80 € je Stück auf dem Großmarkt eingekauft (Bezugspreis). Flormarkt Roth kalkuliert für den Verkauf der Pflanzen mit 50 % Gemeinkosten und 7 % Umsatzsteuer.
Berechnen Sie den Gewinnanteil in Prozent und Euro (gerundet), wenn eine Pflanze für 14,40 € verkauft werden soll (Vorwärts- und Rückwärtsrechnung).

10. Florist Jano kalkuliert den Preis für 6 Vasenfüllungen. Die Materialkosten für eine Vasenfüllung betragen 145,– €; eine Vase kostet 48,– €. Er rechnet mit Lohnkosten für alle Vasenfüllungen in Höhe von 101,50 €. Der Gemeinkostenanteil beträgt $33\frac{1}{3}$ % und der Gewinn 20 %. Da es sich um einen treuen Kunden handelt, berücksichtigt er noch 2 % Kundenskonto und 10 % Kundenrabatt (vgl. Anmerkungen Seite 104). Es wird mit dem ermäßigten Umsatzsteuersatz gerechnet. Wie teuer wird der Auftrag?

11. Die Anschaffung eines Lieferfahrzeugs wird notwendig; der angebotene Preis beträgt 34 400, – Euro. Man rechnet mit einer Nutzungsdauer von acht Jahren. Folgende Kosten werden kalkuliert: Verzinsung 2 % des Anschaffungspreises, Steuer und Versicherung jährlich 658, – Euro, monatliche Garagenmiete 50 Euro. Der Benzinverbrauch ist mit 8,2 Liter auf 100 km angegeben; ein Liter Benzin kostet 1,43 Euro. Für Pflege, Inspektion und Reparaturen wird während der gesamten Nutzungsdauer mit 40 % des Anschaffungspreises gerechnet.
Berechnen Sie die Kosten je gefahrene Kilometer, wenn eine jährliche Fahrleistung von 30 000 km angenommen wird; geben Sie das Ergebnis mit 3 Kommastellen an.

12. Die Höhe der Abschreibung eines Anbaus für mediterrane Großpflanzen wird im Jahr der Fertigstellung mit 4 %, in den weiteren 8 Jahren mit 2,5 %, danach in weiteren 32 Jahren mit 1,25 % der Herstellungskosten berechnet. Die Herstellungskosten betragen 174 000 Euro.
Berechnen Sie die einzelnen Abschreibungsstufen mit dem jeweiligen Restwert des Gebäudes.

13. Sie fertigen für eine Kundin einen Brautstrauß. Für den Kostenvoranschlag ermitteln Sie folgende Werkstoffe und Verkaufspreise: 15 Rosen, weiß, je 2,80 € / 3 *Phalaenopsis*-Rispen, weiß, je 4,20 € / 6 Stiele *Asparagus* je 1,65 € / 3 *Hypericum*-Stiele je 1,80 € / 6 Efeuranken, panaschiert, je 0,90 € / 6 Mühlenbeckia-Ranken je 1,40 € / 3 m Organzaband, weiß, je 1,95 € / 1,5 Bund Galax-Blätter je Bund

3,40 € sowie Draht und Tape pauschal 7,00 €. Insgesamt benötigen Sie zum Herstellen des Straußes 90 Minuten, der Betriebsstundensatz ist 48,00 Euro. Der Brautstrauß wird am Morgen der Hochzeit in die 8 km entfernte Kirche gebracht. Je Entfernungskilometer Zufuhr wird mit 55 Cent veranschlagt.
Verwenden Sie für den Kostenvoranschlag die Tabelle auf Seite 108 und achten Sie auf eine saubere Darstellung. Berechnen Sie den Verkaufspreis.

14. Ein aufwendiger Tischschmuck wird für 486,85 € einschließlich ermäßigtem Umsatzsteuersatz verkauft. Berechnen Sie den auf der Rechnung auszuweisenden Nettopreis und den Mehrwertsteuerbetrag.
15. Ein Stammkunde bestellt einen Geburtstagsstrauß, der nicht mehr als 60,– € kosten darf. Welcher Betrag darf beim Einkaufspreis des Materials nicht überschritten werden, wenn mit einem Kalkulationszuschlag von 190 % gerechnet wird?
16. Genau berechnet muss eine dekorative Vase im Blumengeschäft 42,84 € kosten.
Mit viel Prozent Gewinn wurde kalkuliert, wenn der Zuschlag für sonstige Geschäftskosten 100 % beträgt? Es ist für diese Art Waren der volle Umsatzsteuersatz zu berücksichtigen; der Bezugspreis der Vase betrug 15,– Euro.
17. Sie planen für die Adventszeit 30 hochwertige Kränze mit je vier Kerzen. Der Einkaufspreis einer Kerze beträgt 2,95 €.
    a) Berechnen Sie den Verkaufspreis aller benötigten Kerzen, wenn der Händler 5 % Rabatt und 2 % Skonto gewährt. Die Bezugskosten für die Expresslieferung aller Kerzen betragen 31,75 €. Sie rechnen mit 48 % Gemeinkosten und 32 % Gewinnaufschlag, hinzu kommt die gesetzliche Mehrwertsteuer.
    b) Ermitteln Sie den Preis einer Kerze und den Kalkulationsfaktor.
    c) Für weitere Kränze besorgen Sie preiswertere Kerzen zum Einkaufspreis von 1,50 € je Stück, verwenden aber den gleichen Kalkulationsfaktor wie oben.
    Berechnen Sie den Verkaufspreis einer Kerze, gerundet auf den nächsten Zehn-Cent-Betrag.
18. Floristin Lea arbeitet an einem abfließenden Brautstrauß 70 Minuten zu einem Stundensatz von 48,– €. Eine Hilfskraft unterstützt sie 20 Minuten lang zu einem Verrechnungslohn von 24,– € je Stunde. Es wird mit 33,– € Materialkosten, 39 % Gemeinkosten, 22 % Gewinn und 7 % Mehrwertsteuer kalkuliert.
    a) Berechnen Sie den Bruttoverkaufspreis des Brautstraußes.
    b) Berechnen Sie den Kalkulationsfaktor vom Bruttoverkaufspreis ausgehend und geben Sie diesen als Bruch an.
    c) Der gesamte Hochzeitsschmuck kostet 1800,– €. Der Anteil der Pflanzen und Schnittblumen beträgt 35 %. Berechnen Sie den übrigen Anteil von z. B. Arbeitszeit, Lieferung und sonstigen Ausgaben in Euro.

! Merksätze

- Fixe Kosten sind Kosten der Betriebsbereitschaft.
- Variable Kosten fallen an, wenn produziert wird; sie sind von der Produktionsmenge abhängig.
- Bei der linearen Abschreibung wird der Restwert durch gleichbleibende Beträge jährlich über die Nutzungsdauer reduziert.
- Bei der degressiven Abschreibung wird ein Prozentsatz jährlich vom Restwert abgezogen.
- Die Waren und Dienstleistungen des Floristen sind so zu kalkulieren, dass sämtliche Kosten gedeckt werden und ein angemessener Gewinn erzielt wird.
- Zu berechnende Begriffe der einfachen Bezugskalkulation sind Listeneinkaufspreis, Rabatt, Zieleinkaufspreis, Skonto, Bareinkaufspreis, Bezugskosten, Bezugspreis (Einstandspreis).
- Zu berechnende Begriffe für die einfache Verkaufskalkulation sind Materialkosten (Bezugspreis/Einstandspreis), Lohnkosten, Herstellungskosten, Gemeinkosten, Selbstkosten, Gewinn, Nettoverkaufspreis, Umsatzsteuer und Bruttoverkaufspreis.
- Der Rohgewinn wird ermittelt, indem der Aufwand für Waren (Wareneinsatz = Bezugspreis) vom Bruttoverkaufserlös (Ladenpreis) abgezogen wird.
- Mit Hilfe des Kalkulationsaufschlags und Kalkulationsfaktors können die Ladenpreise in einem Rechenvorgang berechnet werden.

Bildquellen

Fotos:
Birk, Elisabeth: Abb. 6, 9, 13
Degen, Martin: Abb. 15
FairTrade e. V.: Abb. 10
Reinhard-Tierfoto, Heiligkreuzsteinach: Abb. 5
Staatliche Fachschule für Blumenkunst, Weihenstephan. Gestaltende der Werkstücke: Abb. 16 – Lara Hauck; Abb. 17 – Viola Eyb; Abb. 21 – Bianca Pencz; Abb. 24 und Umschlagbild – Ellen Curland.

Zeichnungen:
AMI: Abb. 8
Birk, Carl: Abb. 14
Birk, Elisabeth: Seite 39
Flubacher, Helmut: Abb. 1, 4, 12, 18, 19, 22, 23, Seiten 38, 74, 76 bis 81, 86 bis 92 (alle diese Zeichnungen entstanden nach Vorlage der Autorin bzw. der angegebenen Quellen)
Lokau, Siegfried: Abb. 2, 3, 7, 20, Seiten 72 und 103 (alle diese Zeichnungen entstanden nach Vorlage der Autorin)
Piestricow, Artur: Abb. 11

Sachverzeichnis